服饰图案与应用

主 编 洪 波 龙凤梅
副主编 王 燕 周健文

北京理工大学出版社
BEIJING INSTITUTE OF TECHNOLOGY PRESS

内容提要

随着服装行业的快速发展，服装品牌对服装设计的多样性要求也越来越高，服饰图案作为服装设计的一个主要设计点，被越来越多的设计师反复应用、打磨，以满足消费者个性化、多元化的消费需求、审美需求。

本书根据高等院校学生的实际学习能力，在总结近年来学生学习成果的基础上编写而成，分为课程导入、服饰局部图案设计与应用、服饰图案设计与应用、传统服饰图案设计4个模块。通过基础的认知及项目实操，学生能够扎实地掌握服装设计中图案设计的要点，并能够将其准确地应用到服装设计方案中。

本书可作为高等院校服装类专业配套教学用书。

版权专有　侵权必究

图书在版编目（CIP）数据

服饰图案与应用 / 洪波，龙凤梅主编. -- 北京：北京理工大学出版社，2024.6
ISBN 978-7-5763-3584-2

Ⅰ.①服⋯ Ⅱ.①洪⋯ ②龙⋯ Ⅲ.①服饰图案—图案设计 Ⅳ.①TS941.2

中国国家版本馆CIP数据核字（2024）第045662号

责任编辑：王晓莉			**文案编辑**：王晓莉	
责任校对：周瑞红			**责任印制**：王美丽	

出版发行	/ 北京理工大学出版社有限责任公司
社　　址	/ 北京市丰台区四合庄路6号
邮　　编	/ 100070
电　　话	/ （010）68914026（教材售后服务热线）
	（010）68944437（课件资源服务热线）
网　　址	/ http：//www.bitpress.com.cn
版 印 次	/ 2024年6月第1版第1次印刷
印　　刷	/ 河北鑫彩博图印刷有限公司
开　　本	/ 787 mm×1092 mm　1/16
印　　张	/ 8.5
字　　数	/ 165千字
定　　价	/ 89.00元

图书出现印装质量问题，请拨打售后服务热线，负责调换

PREFACE 前言

　　服装是精神文明与物质文化的结合体,是一种实用美术作品,既有实用功能,又可以使人得到美的享受。服饰图案设计是服装设计中的重要组成部分,是实用和装饰相结合的一种艺术形式。随着人们生活品位的不断提升,以及世界各地文化相互影响和彼此渗透,服饰图案的设计更加现代时尚、异彩纷呈,还使得服饰图案具有审美价值和人文价值。

　　为了及时总结在"服饰图案与应用"课程上的教学改革成果和经验,并使其服务于服装设计类专业的教学实践,编者编写了本书。本书在编写过程中力求以相关教研课题为先导,强化实践教学环节,培养高素质、高技能、创新性的专业人才。本书内容大多来源于实践选题、应用实例及行业信息,经过认真研讨课程的重点、难点及疑点,结合学生的学习特点及喜好,形成整体的教学内容框架。在"服饰图案与应用"课程中,每个单元都将设计概念和元素加以具体体现,从而加强基础设计的实践环节,增强学生的动手能力。

　　本书融入党的二十大精神教学,推进党的二十大精神进教材、进课堂、进头脑,是培养时代新人的育人要求,也是深化思政课教学改革创新的实践要求。

　　本书以教材为载体,优化教学设计;丰富教学实践,创新教学方式;拓宽教学渠道,增强教学效果。在编写思路上,针对服装与服饰设计专业学生的特点量身打造。针对高等院校学生艺术基础课时少、艺术基础水平普遍不高的情况,编者对传统的服装与服饰设计专业"服饰图案与应用"课程做了大胆革新,以项目为基础,提出了服装设计专业"服饰图案与应用"教学新思路——以项目为载体、任务为驱动,分组教学,让学生在学中做、做中学。本书的编写体系是在服装与服饰设计专业多年教学实践的基础上逐渐形成的。本书由洪波、龙凤梅担任主编,王燕、周健文担任副主编,刘晓月、吴美玲、肖钦予、卢天豪、陆立苗同学参与图片处理。

本书在编写过程中得到了四川国际标榜职业学院领导的关心和指导,在此表示衷心的感谢。为了体现实践教学特色,突出"工学结合"理念,书中收录了大量学生作品,这些作品是在学生完成实训项目的过程中创作的,在此表示诚挚的谢意。同时,为了让学生有机会接触经典的及最新的服饰设计风格和设计作品,加深对时尚潮流的感悟,书中引用了一些专家或机构的服饰图案设计作品,由于几经辗转,有些设计作品已难以查找最初的出处,在此特向这些设计者表示衷心的谢意和歉意。

由于编者学识有限,书中难免存在疏漏之处,恳请广大读者批评指正。

编　者

目 录 CONTENTS

模块 1　课程导入　　　　　　　　　　　　　　　　　　　**001**

项目 1　课程概述　　　　　　　　　　　　　　　　　　　　001
　　任务　课程性质及定位理解　　　　　　　　　　　　　　001
项目 2　图案基础认知　　　　　　　　　　　　　　　　　　007
　　任务 1　图案的概念及特性分析　　　　　　　　　　　　007
　　任务 2　图案的分类识别　　　　　　　　　　　　　　　011
项目 3　服饰图案基础认知　　　　　　　　　　　　　　　　018
　　任务 1　服饰图案的概念及特性分析　　　　　　　　　　018
　　任务 2　服饰图案的分类识别　　　　　　　　　　　　　024

模块 2　服饰局部图案设计与应用　　　　　　　　　　　　**032**

项目 4　服饰局部图案素材收集　　　　　　　　　　　　　　032
　　任务 1　花卉植物写生　　　　　　　　　　　　　　　　032
　　任务 2　写生的整理与取舍　　　　　　　　　　　　　　037
　　任务 3　图案变形设计　　　　　　　　　　　　　　　　041
项目 5　服饰局部图案纹样变形与创作　　　　　　　　　　　048
　　任务 1　服饰领部图案变形与创作（对称与平衡）　　　　048
　　任务 2　服饰口袋图案变形与创作（变化与统一）　　　　056
　　任务 3　服饰门襟图案变形与创作（节奏与韵律）　　　　063

模块 3　服饰图案设计与应用　　　　　　　　　　　　　　**071**

项目 6　服饰图案素材收集　　　　　　　　　　　　　　　　071
　　任务 1　服饰图案纹样素材收集　　　　　　　　　　　　071
　　任务 2　服饰图案素材的整理与取舍　　　　　　　　　　074
　　任务 3　图案纹样变形设计　　　　　　　　　　　　　　077

项目 7　服饰图案变形及创作　　　　　　　　　081
　　任务 1　正方巾适合式图案纹样创作设计　　081
　　任务 2　长方巾二方连续式图案纹样创作设计　086
　　任务 3　面料中四方连续式图案纹样创作设计　090

模块 4　传统服饰图案设计　　　　　　　　　095

项目 8　中国传统服饰图案设计　　　　　　　　095
　　任务 1　中国传统服饰图案素材收集　　　　095
　　任务 2　中国传统服饰图案的整理与取舍　　102
　　任务 3　中国传统服饰图案变形设计　　　　105
　　任务 4　中国传统服饰图案创作设计　　　　108

项目 9　欧洲传统服饰图案设计　　　　　　　　114
　　任务 1　欧洲传统服饰图案素材收集　　　　114
　　任务 2　欧洲传统服饰图案的整理与取舍　　118
　　任务 3　欧洲传统服饰图案变形设计　　　　122
　　任务 4　欧洲巴洛克时期礼服图案创作设计　125

参考文献　　　　　　　　　　　　　　　　　　130

模块 1 课程导入

项目 1 课程概述

任务 课程性质及定位理解

1.1 任务描述

掌握该课程的课程性质；掌握该课程在人才培养中的定位；理解该课程与已学习的前序课程、平行课程的知识、能力的衔接和融通关系，以及对后续课程的支撑与融通关系。

1.2 学习目标

1. 知识目标

（1）掌握课程的性质。
（2）掌握课程在人才培养中的定位。
（3）掌握该课程与前序课程的衔接和融通关系。
（4）掌握该课程与平行课程的衔接和融通关系。

2. 能力目标

（1）能够通过信息技术手段查阅相关专业资料。
（2）具备辨别专业设计作品的审美能力。
（3）能够将该课程所学知识与前序课程、平行课程衔接贯通。
（4）能够将该课程所学知识与后续课程融通。

3. 素养目标

（1）培养勤于思考、分析问题的意识。
（2）培养逻辑思维能力。

1.3 重点难点

（1）重点：课程性质认识；理解该课程与其他课程的衔接和融通关系。
（2）难点：理解该课程在人才培养中的定位；理解该课程在后续课程中的应用。

1.4 相关知识链接

高职高专服装设计类专业主要面向的是服装设计师、面料设计师、服饰设计师等职业岗位，需要具备良好的图案收集、图案鉴赏、图案绘制、图案应用能力。

服装是精神文明与物质文化的结合体，是一种实用美术作品，既有实用功能，又可以使人得到美的享受。服饰图案设计是服装设计中的重要组成部分，是实用和装饰相结合的一种艺术形式。

随着人们生活品位的不断提升，以及世界各地文化相互影响和彼此渗透的加强，服饰图案的设计更加现代时尚、异彩纷呈，更加具有审美价值和人文价值。

"服饰图案与应用"是服饰设计类专业的一门基础课程，重在培养学生对服饰图案的认知、审美、设计及应用能力。该课程与其他课程之间衔接紧密，是所有服装类专业必修的一门基础性课程，为以后的专业学习打下坚实的基础。

服饰设计类专业中面料设计、服装款式设计、服饰设计、花边设计都会运用到服饰图案的设计（图1-1~图1-3）。

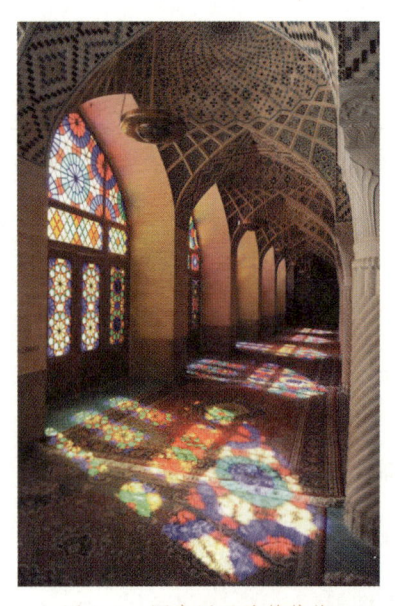

图1-1　图案用于建筑装饰

图1-2　图案用于瓷盘装饰

图1-3　图案用于服装设计

1.5 任务开展

1. 任务分组

请同学们根据异质分组原则分组协作完成工作任务,并在表 1-1 中写出小组内每位成员的专业特长与专业成长点。

表 1-1

组名	成员名称	专业特长	专业成长点	任务分工

2. 自主探究

问题 1:谈谈你对"服饰图案与应用"课程的认识。

问题 2:前序相关课程有哪些?分别阐述它们与该课程的衔接和融通关系。

问题 3:你了解哪些相关的平行课程?它们与该课程的关联性是什么?

问题 4:你是否了解该课程相关的后续课程?该课程对后续课程有哪些支撑作用?

问题5：学好该课程对以后的工作有什么支撑作用？

3. 任务实施（表1-2）

表1-2

任务步骤	任务要求	任务安排
步骤1：讨论课程定位及设置目的	分组进行自主探讨；结论分享要求全员参与	组员轮流发言，根据分组任务分工进行记录，并推选发言人
任务结果记录		
讨论课程定位及设置目的结果记录：		
步骤2：讨论该课程与前序课程的衔接和融通关系；掌握该课程与平行课程的衔接和融通关系	分组进行自主探讨；结论分享要求全员参与	组员轮流发言，根据分组任务分工进行记录，并推选发言人
任务结果记录		
该课程与平行课程的衔接和融通关系的讨论记录：		

4.任务评价（表1-3）

表1-3

一级指标	二级指标	评价内容	分值	自评	互评	师评
工作能力（30分）	思维能力	能够从不同的角度提出问题，并考虑解决问题的方法	5			
	自学能力	能够通过自己已有的知识经验来独立地获取新知识	5			
		能够通过自己的感知、分析等来正确地理解新知识	5			
	实践操作能力	能够根据自己获取的知识完成工作任务	5			
	创新能力	能够跳出固有的课内课外知识，提出自己的见解，培养自己的创新性	10			
学习策略（20分）	学习方法	能够根据本任务实际情况对自己的学习方法进行调整	5			
	自我调控	能够根据本任务正确地使用学习方法	5			
		能够正确地整合各种学习方法，以便更好地运用	5			
		能够有效利用学习资源	5			
作品得分（50分）	职业岗位能力	讨论问题积极、详尽，课程定位描述准确	20			
		讨论问题积极、详尽，课程融通与衔接理解准确	20			
		"1+X"证书（服装搭配师）中对应的专业能力	10			

5. 任务总结（表1-4）

表1-4

语言表达能力	优点	
	缺点	
团队协作能力	优点	
	缺点	
内容总结能力	优点	
	缺点	
改进措施		

项目 2　图案基础认知

任务 1　图案的概念及特性分析

1.1　任务描述

通过对图案进行收集，理解并掌握图案的概念和特性。

1.2　学习目标

1. 知识目标
（1）掌握图案的概念。
（2）掌握图案的特性。
2. 能力目标
能够描述图案的特性，提升对图案的收集分类能力。
3. 素养目标
（1）培养对图案的审美能力。
（2）培养精益求精的工匠精神。

PPT：图案的概念、特性及分类

1.3　重点难点

（1）重点：理解图案的概念；掌握图案的特性。
（2）难点：理解及把握图案的从属性及装饰性。

1.4　相关知识链接

图案是世界艺术的一部分，当它融入服饰艺术中时，更显得富丽多彩，灿烂夺目。了解它、认识它、描绘它、发展它是我们的使命。服饰图案是"图案"这一实用美术学专门学科中一个重要的分支，因此，在学习服饰图案之前，首先应该了解什么是图案。

1. 图案的概念

"图案"一词是 20 世纪初从日本传入中国，其含义主要是指有关装饰、造型图形的"设计方案"。"图"有"形象""谋划"之意，"案"有"文件""方案"之意。所谓图案，即可理解为"谋划或形象"的"方案"。从广义上讲，图案是指对某种实体造型结构、色彩、纹样的设想，并受一定的工艺材料、用途、经济、生产等条件制约所绘制的样式图形。图案既是传统文化的传承，同时又是现代文化的标志与体现。从狭义上讲，图案是指某种纹饰，即具有一定程式性和秩序感的图形或表面装饰。

图案教育家陈之佛先生在 1928 年提出：图案是构想图。它不仅是平面的，也是立体的；是创造性的计划，也是设计实现的阶段。

2. 图案的特性

图案的特性主要表现在以下两个方面：

（1）装饰性。无论基础图案还是专业图案，这一特性都非常明确。基础图案由于形、色关系，本身具有审美性、艺术性（图2-1）。而专业图案可以使本来具有实用功能的对象更具有审美价值，其重要的作用就是修饰、装扮物质产品，提升物质产品的价值。正如其他众多的装饰方式一样，图案对它的设计对象主要起美化作用（图2-2）。

图2-1　图案用于建筑装饰　　　　图2-2　图案用于面料

（2）从属性。图案的从属性主要体现在专业图案中，也称制约性，它依附产品而存在。无论从何种角度理解，图案只有通过物化或附属于物质产品后才能真正实现其价值，因而，图案具有很强的从属性。它会受到物质材料、生产工艺、使用功能、使用对象、经济条件、市场消费等条件的约束。例如，服装图案要受到加工工艺的制约，如蜡染、扎染、刺绣等。图案虽然总是处在从属地位，但其艺术审美功能非同小可，所以要将图案看成"服饰图案与应用"的重要组成部分（图2-3、图2-4）。

图2-3　学生作品1　　　　图2-4　学生作品2

1.5 任务开展

1. 任务分组

请同学们根据异质分组原则分组协作完成工作任务,并在表 2-1 中写出小组内每位成员的专业特长与专业成长点。

表 2-1

组名	成员名称	专业特长	专业成长点	任务分工

2. 自主探究

问题 1:我们生活中的图案有哪些?

问题 2:这些图案是单独的艺术品吗?

问题 3:这些图案在建筑物、家具、服装上起到了什么作用,你感受到了作品有了图案后的变化吗?

3. 任务实施（表2-2）

表2-2

任务步骤	任务要求	任务安排	任务记录
大量收集不同的图案运用案例，选择其中三种进行讨论	分组讨论，整理收集到的图案资料，准确描述图案特性，完成PPT制作	具体任务1：收集不同类型图案；具体任务2：制作PPT	完成图案特性介绍PPT

4. 任务评价（表2-3）

表2-3

一级指标	二级指标	评价内容	分值	自评	互评	师评
工作能力（30分）	思维能力	能够从不同的角度提出问题，并考虑解决问题的方法	5			
	自学能力	能够通过自己已有的知识经验来独立地获取新知识	5			
		能够通过自己的感知、分析等来正确地理解新知识	5			
	实践操作能力	能够根据自己获取的知识完成工作任务	5			
	创新能力	能够跳出固有的课内课外知识，提出自己的见解，培养自己的创新性	10			
学习策略（20分）	学习方法	能够根据本任务实际情况对自己的学习方法进行调整	5			
	自我调控	能够根据本任务正确地使用学习方法	5			
		能够正确地整合各种学习方法，以便更好地运用	5			
		能够有效利用学习资源	5			
作品得分（50分）	职业岗位能力	图案特性描述准确，能够利用图案特性进行图案分析	20			
		PPT内容完善翔实	30			

5. 任务总结（表2-4）

表2-4

图案的审美能力	优点	
	缺点	
图案的特性应用能力	优点	
	缺点	
改进措施		

任务2　图案的分类识别

2.1　任务描述

在服装设计领域，图案的分类识别是十分重要的任务，根据图案的不同特征，将不同图案分类到相应类别中，以便服装设计师能够准确地选择和应用适合的图案。

2.2　学习目标

1. 知识目标
了解图案的分类方法。
2. 能力目标
能够分类收集图案。
3. 素养目标
提升审美能力和归纳整理能力。

2.3　重点难点

（1）重点：从图案的构成形式分类。
（2）难点：从图案的空间形式分类。

2.4　相关知识链接

图案的类型有很多种，分类方法也各不同，在这里分别从以下几个方面进行分类：从图案的载体形式分类；从图案的构成形式分类；从图案的空间形式分类；从图案的教学进程分类。

1. 从图案的载体形式分类

从图案的载体形式分类，可分为纺织面料图案、建筑图案、服饰图案、家具图案、器皿图案。

2. 从图案的构成形式分类

从图案的构成形式分类，可分为单独式图案、连续式图案和群合式图案。

（1）单独式图案。单独式图案是指相对独立存在且具有完整感的图案。它既是一个独立的个体，也是图案的基础单位，并能单独用于装饰的图形，同时，又是组合适合式图案、连续式图案的基础。单独式图案可分为适合式纹样（图2-5）和自由式纹样（图2-6）两种。

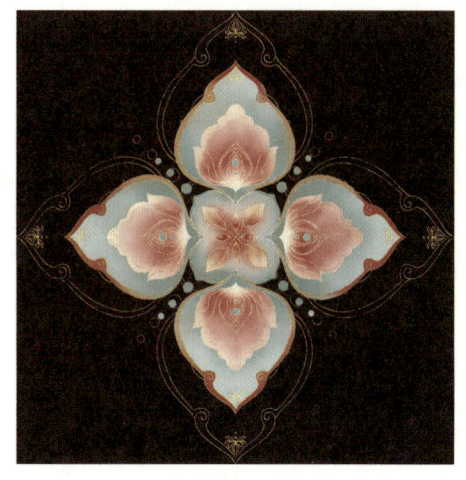

图2-5 适合纹样（学生作品）　　　图2-6 自由式纹样（学生作品）

①适合式纹样：是指具有一定外形限制的图案纹样，一般体现在几何形态和自由形态。它的结构具有适合形的特征。

②自由式纹样：是指不受任何外形约束的图案纹样。它的素材源于自然界的花草、风景、动物及人物等，通过写生提炼进行夸张、装饰处理设计。

（2）连续式图案。连续式图案是指运用一个单位纹样（由一个或几个装饰元素组成），按照一定的规律进行循环反复的排列所构成的形式，它具有重复性、连展性的特点。连续式图案运用极为广泛：在工业产品中，如玻璃盘、玻璃杯边缘的装饰图案；在服饰中，如面料图案、衣裙花边等。连续式图案可分为二方连续纹样和四方连续纹样。

①二方连续纹样：是指一种带状装饰纹样。它是一个单位纹样（由一个或几个装饰元素组成）按照左右或上下等规律反复地排列所构成的形式，从视觉上有深远、延伸之感；从形式上有韵律、节奏之感（图2-7、图2-8）。

图2-7 二方连续纹样1（学生作品）　　　图2-8 二方连续纹样2（学生作品）

②四方连续纹样：是指一种面状装饰纹样。它是一个单位纹样（由一个或几个装饰元素组成）按照上下左右四方排列的规律，连续四方扩展而构成的形式，更多地运用于服装面料设计（图2-9、图2-10）。

（3）群合式图案。群合式图案是指由许多相同或相近或不同的形象无规律地组成的带状或面状图案，可以任意延展，也可以按需要随时停止。

图 2-9　四方连续纹样 1（学生作品）　　图 2-10　四方连续纹样 2（学生作品）

3. 从图案的空间形式分类

从图案的空间形式分类，可分为平面图案、立体图案、平面用于立体的图案。

（1）平面图案。相对于立体图案而言，平面图案是指在平面物体上所表现的各种装饰。它的表现形式是二维的，如纺织、印染、印刷、广告招贴、商标等图案都可称作平面图案（图 2-11）。

（2）立体图案。立体图案是指针对一切立体形态的美化造型设计。它的表现形式是三维的，如陶瓷造型设计、日用器皿设计、室内外环境设计等，侧重于立体造型及结构的研究和设计（图 2-12）。

图 2-11　图案应用于家具雕刻　　图 2-12　图案应用于建筑中

（3）平面用于立体的图案。平面用于立体的图案也就是平面图案的立体表现，如服饰图案、建筑图案等。这类图案的应用范围相当广泛，主要侧重于解决纹样与立体造型之间的适应及协调问题（图 2-13）。

4. 从图案的教学进程分类

从图案的教学进程分类，可分为基础图案和专业图案两种。

（1）基础图案。基础图案主要研究图案的共性问题，如图案的造型、结构、色彩、形式美法则、一般规律等，不受工艺、用途等限制（图 2-14）。

图 2-13　纹样与立体造型图案　　　　　　图 2-14　线条图案

（2）专业图案。专业图案是指结合应用产品设计的图案，如服饰、染织、环境、家具等。受材料性能、生产工艺、使用目的、经济条件等因素的限制。专业图案设计必须考虑适应实际的生产方式、生产能力和消费要求等方面的问题（图 2-15、图 2-16）。

图 2-15　云肩设计 1　　　　　　图 2-16　云肩设计 2

2.5　任务开展

1. 任务分组

请同学们根据异质分组原则分组协作完成工作任务，并在表 2-5 写出小组内每位成员的专业特长与专业成长点。

表 2-5

组名	成员名称	专业特长	专业成长点	任务分工

2. 自主探究

问题 1：图案的分类方法有哪些？

问题 2：从图案空间形式分类可分为哪几种类型？

问题 3：通过学习图案的分类方法，为之后的服饰图案学习提供什么帮助？

3. 任务实施（表 2-6）

表 2-6

任务步骤	任务要求	任务安排	任务记录
利用不同的分类方式对任务 1 中收集的图案进行分类	每种图案不少于 5 张，分组展示	具体任务 1：给收集的图案进行分类；具体任务 2：选择一个分类方式制作 PPT 进行分享	制作 PPT 展示图案分类方法及成果

015

4. 任务评价（表2-7）

表2-7

一级指标	二级指标	评价内容	分值	自评	互评	师评
工作能力（30分）	思维能力	能够从不同的角度提出问题，并考虑解决问题的方法	5			
	自学能力	能够通过自己已有的知识经验来独立地获取新知识	5			
		能够通过自己的感知、分析等来正确地理解新知识	5			
	实践操作能力	能够根据自己获取的知识完成工作任务	5			
	创新能力	能够跳出固有的课内课外知识，提出自己的见解，培养自己的创新性	10			
学习策略（20分）	学习方法	能够根据本任务实际情况对自己的学习方法进行调整	5			
	自我调控	能够根据本任务正确地使用学习方法	5			
		能够正确地整合各种学习方法，以便更好地运用	5			
		能够有效利用学习资源	5			
作品得分（50分）	职业岗位能力	图案收集的分类方法掌握情况	20			
		图案分类的实际操作能力	20			
		"1+X"证书（服装搭配师）中对应的专业能力	10			

5. 任务总结（表2-8）

表2-8

图案的审美能力	优点	
	缺点	
图案的分类能力	优点	
	缺点	
改进措施		

项目 3　服饰图案基础认知

任务 1　服饰图案的概念及特性分析

1.1　任务描述

通过对图案进行收集，理解并掌握服饰图案的概念和特性。

1.2　学习目标

1. 知识目标
（1）掌握服饰图案的概念。
（2）掌握服饰图案的特性。
2. 能力目标
（1）能够理解服饰图案的概念。
（2）能够描述服饰图案的特性。
3. 素养目标
（1）提升审美意识。
（2）培养专心细致、精益求精的工匠精神。
（3）培养勤于思考、分析问题的意识。

1.3　重点难点

（1）重点：理解服饰图案的概念；掌握服饰图案的特性，理解服饰图案与其他图案的区别。
（2）难点：掌握服饰图案的运用要点；合理运用服饰图案。

1.4　相关知识链接

服饰图案与图案之间是共性与个性、普遍性与特殊性的关系。如果前面所述图案的内容具有普遍意义，那么服饰图案是针对服装及其饰品这一具体实践对象解决具体的问题。

1. 服饰图案的概念

服饰是装饰人体的物品总称，包括服装、鞋、帽、袜子、手套、围巾、领带、提包、太阳伞、发饰等（图 3-1）。

服饰图案，顾名思义是指针对服饰设计的装饰纹样。它是依附在一定物质材料上的艺术创作。

服饰图案具有自己特定的装饰对象、独到的工艺制作技巧、一定的表现空间，运用于服装、鞋帽、饰品等；通过服饰图案的视觉形象来表现内容、传达思想、传递时尚信息，从而使服饰图案既具有艺术性、思想性，又具有实用性和一定的科学性、功能性。

图 3-1　图案应用于服饰——装饰项链

2. 服饰图案与其他装饰图案的区别

装饰图案作为一种造型艺术，它涵盖的内容丰富而深远，材料运用广泛而普遍。装饰图案常常出现在人们的生活中，如在装潢设计、包装设计、环艺设计、室内设计、陶瓷设计、家具设计等设计中常常看见图案在其中扮演的角色，甚至传达设计的特定意图，或者表达特殊含义。

服饰图案属于装饰图案的一种，是完全依附于人的服装、配饰这一特定对象，运用装饰图案结构规律，通过提炼与夸张、抽象与变化等手段，体现装饰图形和纹样。服饰图案是服饰设计中的一个重要环节，不仅起着装饰作用，还直观地表达服饰设计师的设计思想与情感，体现设计师的设计风格，它往往美化和提升服饰的视觉效果，甚至率先进入人们的中心视线，吸引和诱导人们对服装及其饰品的注意力。同时，服饰图案必须与服饰的款式结构、材料、功能和人体动态紧密联系，因此，服饰图案在设计创作上，一定要注意图案与服饰及人体这三者在整体意义上的协调性。在设计特定服饰时，如晚装、职业装等还要考虑图案与着装环境、着装时间等细微因素的和谐性（图3-2、图3-3）。

图 3-2　休闲服饰图案　　　　图 3-3　旗袍图案

3. 服饰图案的特性

服饰图案的特性主要表现在以下几个方面：

（1）艺术性。人们常常追求服饰的漂亮，这正是服饰图案艺术性即审美性的体现。服饰图案的纹样构成蕴涵着符合人们生理和心理需求的形式美基本原理。图案纹样的排序是有规律的，即在变化中求统一，具有丰富的节奏与韵律，这些形式不仅表现出视觉美感，还映射出各种思想文化内涵。

（2）实用性。服饰图案必须依附于某种具体的服饰中或某些部位上，以反映出艺术和实用效果，因此兼具实用性。在现实生活中，人体常有某些局部的不足，形成所谓的非标准体型，如溜肩、鸡胸、大肚、肥胖、瘦削等。因此，服饰设计师常用服饰图案提醒、夸张或掩盖人体的某些部位特征，弥补着装者的某些缺憾。如果服装的实用性体现为御寒蔽体，那么服饰图案在某种程度上也兼具"蔽体"的功能。服饰图案的实用性还体现在工艺美术非纯艺术性质方面，在设计和实用中都要考虑其实用性和实用价值。

服饰图案是一种美的形式，在运用中需要兼顾艺术性与实用性的统一。艺术性与实用性两者之间在相对独立的同时又相互交叉、相互渗透、相互依托，以便实现合理的设计。当今人们对服饰产品的要求，包含了物质性与精神性两个方面的因素。物质性包含着实用意义的同时，精神性通过服饰传递强烈鲜明的个性气质和审美价值，而服饰图案作为一种装饰形态，表达着人们对美的追求和向往。总而言之，在服饰图案设计中，服饰图案的装饰必须适量、适体，如果装饰过分，就会有画蛇添足之感，显得累赘、多余，甚至影响服饰的使用效果。但服饰图案运用得不够，不仅不能渲染服饰的艺术气氛，还不能起到提高服饰审美内涵的作用。服饰图案的艺术性体现在装饰性之中，服饰图案的实用性体现在合理性之中，过于强调艺术性，则容易失去实用性；只注重实用性而忽略装饰性，则会减弱艺术性。因此，两者必须兼顾，缺一不可。

（3）纤维性。纤维性是面料最直接、最基本的艺术形态，而面料是服装最基本的表现语言。服装面料是由不同类别的纤维构成，具体纤维表现形式，如给人"润泽"触觉的丝、给人"温和"触觉的棉、给人"粗犷"视觉的麻及给人"均匀与精致"视觉的机织面料等。在服饰图案设计中，要根据纤维的不同特性进行图案的准确设计和应用，这是图案应用于服装面料的一种特性，随着面料的变化，相同图案给人以不同的感受（图3-4、图3-5）。

（4）饰体性。服饰图案装饰在服装上，通常都会根据装饰部位的人体结构、形态和活动特点来进行设计。在服饰设计中，设计者应考虑到人体结构及体态特征，服饰图案的创意要遵循穿着性的原则，在设计运用中图案可以提升、美化或掩盖人体的形体特征，张扬个人气质（图3-6）。

图 3-4　棉质面料　　　　　　　　图 3-5　锦缎面料

（5）动态性。服饰图案随着服装展示状态的变化而变化；随着着装者的运动，依附于服装的图案也相应地呈现变化状态。因此，在设计时，不仅要重视平面化设计，还应考虑到着衣状态下的图案效果（图 3-7）。

图 3-6　饰体性应用　　　　　　　图 3-7　图案随模特走秀步伐变化

1.5　任务开展

1. 任务分组

请同学们根据异质分组原则分组协作完成工作任务，并在表 3-1 中写出小组内每位成员的专业特长与专业成长点。

表 3-1

组名	成员名称	专业特长	专业成长点	任务分工

2. 自主探究

问题1：服饰图案有什么特点？运用方式有哪些？

问题2：服饰图案与其他图案有什么区别？

问题3：生活中，你见过哪些形式的服饰图案，为服饰的装饰起到什么作用？

3. 任务实施（表3-2）

表 3-2

任务步骤	任务要求	任务安排	任务记录
大量收集不同的服饰图案运用案例，选择其中三种进行讨论	能够准确描述服饰图案的特性，完成PPT制作	具体任务1：收集不同类型服饰图案； 具体任务2：制作PPT	服饰图案特性介绍PPT

4. 任务评价（表3-3）

表3-3

一级指标	二级指标	评价内容	分值	自评	互评	师评
工作能力（30分）	思维能力	能够从不同的角度提出问题，并考虑解决问题的方法	5			
	自学能力	能够通过自己已有的知识经验来独立地获取新知识	5			
		能够通过自己的感知、分析等来正确地理解新知识	5			
	实践操作能力	能够根据自己获取的知识完成工作任务	5			
	创新能力	能够跳出固有的课内课外知识，提出自己的见解，培养自己的创新性	10			
学习策略（20分）	学习方法	能够根据本任务实际情况对自己的学习方法进行调整	5			
	自我调控	能够根据本任务正确地使用学习方法	5			
		能够正确地整合各种学习方法，以便更好地运用	5			
		能够有效利用学习资源	5			
作品得分（50分）	职业岗位能力	服饰图案特性描述准确，能够利用服饰图案特性进行图案分析	20			
		PPT内容完善翔实	20			
		"1+X"证书（服装搭配师）中对应的专业能力	10			

5. 任务总结（表3-4）

表3-4

服饰图案的收集能力	优点	
	缺点	
服饰图案的审美能力	优点	
	缺点	
服饰图案的特性分析能力	优点	
	缺点	
改进措施		

任务2　服饰图案的分类识别

2.1　任务描述

服饰图案的类别有很多，我们可以按照应用的部位、应用的形式划分。根据不同的分类方法，我们能够准确地将服饰图案运用到服饰的装饰中。

2.2　学习目标

1. 知识目标
了解服饰图案的分类方法。
2. 能力目标
能够分类收集服饰图案。
3. 素养目标
（1）培养图案的整理归纳能力和总结能力。
（2）通过传统图案的收集提升民族自信。

2.3　重点难点

（1）重点：掌握各部位图案的运用特点，准确利用图案修饰身形。
（2）难点：从服饰图案的空间形态分类。

2.4　相关知识链接

服饰图案有以下几种分类方法。

1. 从服饰图案的空间形态分类

从服饰图案的空间形态分类，可分为平面图案和立体图案。平面图案主要包括面料的图案设计、服装配件的平面装饰；立体图案主要包括立体花、蝴蝶结、纽扣造型及缀挂式装饰（图3-8）。

图3-8　服饰图案的立体造型

2. 从服饰图案的构成形式分类

从服饰图案的构成形式分类，可分为点状服饰图案、线状服饰图案和面状服饰图案。

（1）点状服饰图案：点在空间中起着标明位置的作用，具有注目、突出诱导视线的性格。点在空间中的不同位置、形态及聚散变化都会引起人的不同视觉感受（图3-9、图3-10）。

图3-9　点状服饰图案1　　　　　图3-10　点状服饰图案2

（2）线状服饰图案：点的移动轨迹称为线，它在空间中起着连贯的作用。线又可分为直线和曲线两大类，具有长度、粗细、位置及方向上的变化。不同特征的线给人们不同的感受（图3-11、图3-12）。

图 3-11　线状服饰图案 1　　　　　　　图 3-12　线状服饰图案 2

（3）面状服饰图案：线的移动轨迹构成了面，它具有二维空间的性质，有平面和曲面之分。面又可以根据线构成的形态分为方形、圆形、三角形、多边形及不规则偶然形等，不同形态的面具有不同的特性（图 3-13、图 3-14）。

图 3-13　面状服饰图案 1　　　　　　　图 3-14　面状服饰图案 2

3. 从服饰图案的装饰部位分类

从服饰图案的装饰部位分类，可分为领部图案、背部图案、前襟图案、下摆图案、底边图案、满花装饰等，设计师根据设计的主题思想，将服饰图案运用在服饰的不同部位，所起到的装饰效果是不同的，产生的视觉效果也是不同的，总之能起到画龙点睛的作用（图3-15、图3-16）。

图3-15　图案在服装前胸

图3-16　图案在服装背部

无论是用服饰图案来装饰服装的领面、袖头、前胸、后背，还是裤角、后袋、贴袋，这些部位都是图案的装饰面，图案的纹样及组织形式要与这些装饰面的形状、面积大小相适应。服饰图案的纹样与组织形式多种多样，都有其独特的风格，如团花图案庄重典雅、变形动物图案活泼可爱、几何图案规范大方等，应与服装外形风格一致，将视线吸引到着装者的形体美化的部位。

4. 从服饰图案的装饰对象分类

从服饰图案的装饰对象分类，可分为羊毛衫图案、T恤衫图案、旗袍图案（图3-17）等；或按着装者的类型可分为男装图案、女装图案、童装图案等。

5. 从服饰图案的工艺制作分类

从服饰图案的工艺制作分类，可分为印染服饰图案、编织服饰图案、拼贴服饰图案（图3-18）、串珠服饰图案（图3-19）、刺绣服饰图案、手绘服饰图案等。服饰图案风格的形成与所使用的材质和工艺技巧是紧密相连的。

图3-17　图案在旗袍中的应用

图 3-18 拼贴服饰图案　　　　　　　　图 3-19 串珠服饰图案

图案附加到服装上的制作工艺有不同的装饰效果，如拼贴能产生立体感、抽纱能产生镂空和层次感、手绘能产生独特的视觉效果等。这些装饰手法和装饰效果应与服装面料相适应，在柔软轻薄的丝绸面料上，可采用抽纱、手绘等工艺，使服装产生清秀、飘逸、柔和的美感；而在丰厚、挺爽的呢绒面料上可选用垫绣、补花等工艺，使服装产生粗犷、立体的风格。在为具体服装设计的图案中，还有一部分装饰是立体的，如胸针、腰带扣、蝴蝶结、荷叶边等。

2.5 任务开展

1. 任务分组

请同学们根据异质分组原则分组协作完成工作任务，并在表 3-5 中写出小组内每位成员的专业特长与专业成长点。

表 3-5

组名	成员名称	专业特长	专业成长点	任务分工

2. 自主探究

问题1：服饰图案的分类方法有哪些？

问题2：你了解过哪些服饰图案的分类方法？

问题3：你是否能够准确地运用分类后的服饰图案？

3. 任务实施（表3-6）

表3-6

任务步骤	任务要求	任务安排	任务记录
利用不同的分类方式对任务1收集的服饰图案进行分类	每种类型的服饰图案不少于五张，分组展示	具体任务1：给收集的服饰图案进行分类； 具体任务2：选择一个分类方式，制作PPT进行分享	制作图案分类PPT

4. 任务评价（表3-7）

表3-7

一级指标	二级指标	评价内容	分值	自评	互评	师评
工作能力（30分）	思维能力	能够从不同的角度提出问题，并考虑解决问题的方法	5			
	自学能力	能够通过自己已有的知识经验来独立地获取新知识	5			
		能够通过自己的感知、分析等来正确地理解新知识	5			
	实践操作能力	能够根据自己获取的知识完成工作任务	5			
	创新能力	能够跳出固有的课内课外知识，提出自己的见解，培养自己的创新性	10			
学习策略（20分）	学习方法	能够根据本任务实际情况对自己的学习方法进行调整	5			
	自我调控	能够根据本任务正确地使用学习方法	5			
		能够正确地整合各种学习方法，以便更好地运用	5			
		能够有效利用学习资源	5			
作品得分（50分）	职业岗位能力	掌握服饰图案分类方法	20			
		能够准确地对服饰图案进行分类	20			
		"1+X"证书（服装搭配师）中对应的专业能力	10			

5. 任务总结（表3-8）

表3-8

服饰图案的审美能力	优点	
	缺点	
服饰图案的分类能力	优点	
	缺点	
改进措施		

模块 2 服饰局部图案设计与应用

项目 4　服饰局部图案素材收集

任务 1　花卉植物写生

1.1　任务描述

根据不同服饰局部图案的设计要求，收集花卉图案，选择具有代表性的图案进行写生。

1.2　学习目标

1. 知识目标
（1）了解图案写生方法的要点。
（2）了解图案写生技巧的要点。
2. 能力目标
（1）能够运用写生技巧对服饰图案进行写生。
（2）能够学会运用花卉写生变形的技巧。
3. 素养目标
（1）培养分类整理能力。
（2）培养观察分析能力。

1.3　重点难点

（1）重点：根据服饰图案的运用部位，准确地收集图案，并有取舍地进行图案写生。
（2）难点：花卉的选择与取舍方法。

1.4　相关知识链接

植物写生变化是图案教学的重要内容。写生是为创作收集素材，是服饰图案素材收集的方法之一，是对客观事物进行如实的描绘。但图案写生与单纯的绘画写生有很大的不同，绘画写生侧重于忠实反映客观对象，追求艺术的完整；而图案写生侧重于捕捉客观对象的特征、结构、规律，强调归纳，往往不要求完整。图案写生是为服饰图案创作做好准备，是一种创作的过程，也是服饰图案设计的最初环节（图4-1、图4-2）。

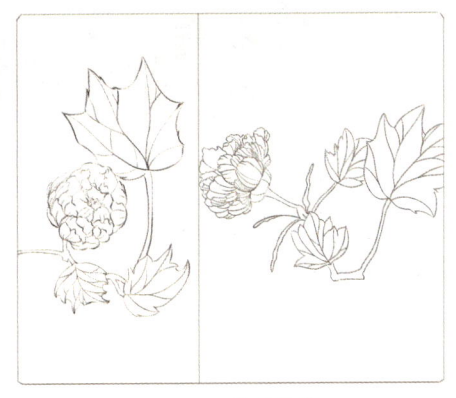

图4-1　花卉选择1

图4-2　基础线描

1. 写生的目的

图案写生的目的：一是为艺术创作收集素材；二是通过写生训练观察能力和良好的形象塑造能力，为以后自如地处理画面打下坚实的基础；三是在写生中，对自然物象的特征、组织结构、生长规律等进一步加深理解，从中寻找装饰美的要素，为创作积累经验。

通过对物象的写生，可锻炼和丰富服饰图案的创作思维，达到积累艺术形象的目的。写生可以训练描绘技巧和敏锐地捕捉物象的能力。在服饰图案设计训练中，"写生变化"是常用术语，它包括"摹写"与"变化"两个方面，两者既有分工又有联系。写生是以客观为主，目的是了解对象、研究对象和描写对象，为变化和创作提供原始素材；变化则更多地渗入主观因素，依据写生的素材进行加工变形，加以装饰。服饰图案写生是服饰图案设计的起点和源泉，也是收集服饰图案素材的基本手段和重要手段。

2. 写生的作用

服饰图案写生与拍摄素材有很大不同，服饰图案写生虽然不是创作，却有主观上的选择、提炼、取舍，在一定程度上也含有艺术加工的成分，使写生作品带有一定的装饰性，这是拍摄所不能够实现的。

通过写生来观察和研究自然物象，对自然物象的组织结构、生长规律进行系统和科学的分析与了解，找出物象自然美的典型部分，为服饰图案的创作奠定了可靠的客观依据。

在写生过程中，可以锻炼、观察、认识和塑造表现自然的能力。

3. 写生的方法

（1）仔细观察。服饰图案写生时，观察应该非常仔细，不仅要把握写生对象的外部轮廓、形象特征，还应该了解其局部细节、内部结构。因此，在写生前，应该对写生对象进行360°和近距离观察，有了深刻的理解后，才能准确、生动地表现出来。

（2）角度选取。服饰图案写生时，角度的选取是非常重要的。一般情况下，常用正视、侧视、俯视的角度，因为这些角度能够最大限度地体现写生对象的特征。确切地说，能够将写生对象的特征鲜明而清晰地表现出来的角度，就是最佳的图案写生角度（图4-3、图4-4）。

图 4-3　花卉选择 2　　　　　　　　图 4-4　不同角度写生

4. 写生的技巧

服饰图案写生有很多技巧，常用的有线描写生、影绘写生、影调素描写生、勾线淡彩写生等。其中，最容易掌握和最常用的是线描写生。线描工具简单，表现灵活，线描是用线条描绘对象的形象，采用近似中国画中的"白描"勾线方法，既可以简洁概括写生对象的神态、气势，又可以细致深入地刻画其细节、结构。线描写生要求严谨、清晰、准确、肯定，同时，还应重视线的主次和线形本身的抑扬顿挫。

在线描写生中，线条的粗细、虚实、轻重、浓淡、转折都对形象的形状、体积、空间有决定性的影响，所以必须利用线条在画面上的形体效果来塑造形象。具体而言，粗、重、浓、实、硬的线条在画面上会造成往前的效果（图 4-5、图 4-6）。

PPT：花卉写生变形案例

图 4-5　花卉选择 3　　　　　　　　图 4-6　写生线条变化

1.5　任务开展

1. 任务分组

请同学们根据异质分组原则分组协作完成工作任务，并在表 4-1 中写出小组内每位成员的专业特长与专业成长点。

表 4-1

组名	成员名称	专业特长	专业成长点	任务分工

2. 自主探究

问题 1：如何选择合适的写生花卉？

问题 2：怎样将花卉的细节描绘得更加完善？

问题 3：校园内或写生场所有哪些元素适合写生？

问题 4：黑白的写生形式有哪些利弊？

问题 5：怎样选取写生对象？

3. 任务实施（表4-2）

表4-2

任务步骤	任务要求	任务安排	任务记录
选取五个写生对象进行绘制	写生对象以花卉为主，注意选取的角度，并根据后期项目的需要进行合理选择	具体任务1：选择花卉；具体任务2：花卉拍摄；具体任务3：花卉写生或图片写生	打印写生花卉照片，贴在A4纸上，并绘制对应的写生图片，不少于五张

4. 任务评价（表4-3）

表4-3

一级指标	二级指标	评价内容	分值	自评	互评	师评
工作能力（30分）	思维能力	能够从不同的角度提出问题，并考虑解决问题的方法	5			
	自学能力	能够通过自己已有的知识经验来独立地获取新知识	5			
		能够通过自己的感知、分析等来正确地理解新知识	5			
	实践操作能力	能够根据自己获取的知识完成工作任务	5			
	创新能力	能够跳出固有的课内课外知识，提出自己的见解，培养自己的创新性	10			
学习策略（20分）	学习方法	能够根据本任务实际情况对自己的学习方法进行调整	5			
		能够根据本任务正确地使用学习方法	5			
	自我调控	能够正确地整合各种学习方法，以便更好地运用	5			
		能够有效利用学习资源	5			
作品得分（50分）	职业岗位能力	花卉写生的准确性	20			
		花卉写生的实用性	20			
		"1+X"证书（服饰搭配师）中对应的专业能力	10			

5. 任务总结（表4-4）

表4-4

写生方法的掌握	优点	
	缺点	
写生线条的运用	优点	
	缺点	
写生角度的选取	优点	
	缺点	
改进措施		

任务2　写生的整理与取舍

2.1　任务描述

根据收集的写生作品，进行图案整理，使其能够根据图案的使用部位、使用效果准确地进行图案的取舍。

2.2　学习目标

1. 知识目标
（1）掌握图案的形式美法则。
（2）掌握写生整理的方法和要点。
（3）掌握写生的概括与取舍的方法。
2. 能力目标
能够运用写生图案整理的方法和要点，对写生图案进行概括与取舍。
3. 素养目标
提高分析和整理归纳能力。

2.3　重点难点

（1）重点：掌握图案的形式美法则，并能运用该法则进行写生的整理与取舍。
（2）难点：写生图案与应用部位、应用形式之间的契合度。

2.4　相关知识链接

服饰图案写生绝不是纯客观自然的描绘，在写生时，要进行一些适当的取舍，留下典型、生动、最具表现力的部分，去掉杂乱、次要、病态的部分。在写生过程中，首先需要对选取的写生作品进行角度选择，完成写生图案后，在其基础上进行整理与取舍。

1. 写生整理的方法与要点

写生的整理需要作者认真仔细地按照步骤进行。

（1）观察与记录。要对写生对象进行仔细观察，记录对象的基本形状和特征，包括颜色、光线、阴影等元素。

（2）构建基本形状。在观察的基础上，构建出写生对象的基本形状，此步骤可以相对简单，但要确保大体轮廓正确。

（3）加入光影效果。在构建出基本形状之后，加入光影效果，此步骤要确保整体光影的协调和正确，特别是明暗交界处的处理。

（4）深入刻画。在光影效果的基础上，进行深入的细节刻画，包括物体的体积感、空间感、质感等，此步骤需要对"六个面"（亮面、灰面、暗面、明暗交界面、投影面、反光面）进行充分的表现。

（5）整体调整。在画面基本完成后，进行整体的调整，确保画面的和谐统一，此步骤可以适当地对画面进行主观调整，强调主体，削弱琐碎细节。

根据不同的写生类型（如户外写生、丙烯风景画写生等），具体的步骤和重点可能会有所不同。例如，户外写生时，还需要考虑天气条件、活动安排、安全保障等因素。

2. 写生的概括与取舍

在花卉写生中，由于花瓣、枝叶过于复杂，可适当减少其层次，保留主要的、完美的部分，使之形象更具代表性和艺术性，如菊花、牡丹花、绣球、月季花、玫瑰花等花瓣层次繁多复杂的花卉，都可以采取这种处理手法（图4-7）。概括与取舍是服饰图案写生中的一种能力，应该经常练习。需要注意的是在尊重客观物象的美的规律基础之上进行，切忌不能随意添加或删除。花卉图案写生的取舍直接影响到最终的效果，因此，在下笔时应该反复推敲和思考（图4-8）。

图4-7 点、线、面的概括与取舍1　　图4-8 点、线、面的概括与取舍2

虽然强调在写生时应该把握对象的结构特征，但有时未必一定要强调它的总体特征，可以对其局部特殊的特征进行刻画，甚至在构造方式上打破常规。当写生完成后，不一定能看出它是什么，但可能是很好的图案素材（图4-9）。

2.5 任务开展

1. 任务分组

请同学们根据异质分组原则分组协作完成工作任务，并在表4-5中写出小组内每位成员的专业特长与专业成长点。

图4-9 点、线、面的概括与取舍3

表 4-5

组名	成员名称	专业特长	专业成长点	任务分工

2. 自主探究

问题 1：在花卉写生中有哪些需要整理？

问题 2：部分写生内容是否过于复杂不便于使用？

问题 3：能否将写生图案一分二、二分三？

3. 任务实施（表 4-6）

表 4-6

任务步骤	任务要求	任务安排	任务记录
在写生作品中，选取三幅进行整理与取舍	选取三幅需要整理或取舍的作品，进行整理与取舍	具体任务 1：选择写生作品； 具体任务 2：对写生作品进行整理； 具体任务 3：对写生作品进行取舍	A4 纸完成三幅写生作品的整理与取舍

4. 任务评价（表 4-7）

表 4-7

一级指标	二级指标	评价内容	分值	自评	互评	师评
工作能力 （30 分）	思维能力	能够从不同的角度提出问题，并考虑解决问题的方法	5			
	自学能力	能够通过自己已有的知识经验来独立地获取新知识	5			
		能够通过自己的感知、分析等来正确地理解新知识	5			
	实践操作能力	能够根据自己获取的知识完成工作任务	5			
	创新能力	能够跳出固有的课内课外知识，提出自己的见解，培养自己的创新性	10			
学习策略 （20 分）	学习方法	能够根据本任务实际情况对自己的学习方法进行调整	5			
	自我调控	能够根据本任务正确地使用学习方法	5			
		能够正确地整合各种学习方法，以便更好地运用	5			
		能够有效利用学习资源	5			
作品得分 （50 分）	职业岗位能力	写生图案的整理能力	20			
		写生图案的取舍能力	20			
		"1+X" 证书（服饰搭配师）中对应的专业能力	10			

5. 任务总结（表4-8）

表4-8

整理与取舍的方法掌握	优点	
	缺点	
整理与取舍的美观性	优点	
	缺点	
整理与取舍的实用性	优点	
	缺点	
改进措施		

任务3　图案变形设计

3.1　任务描述

写生所收集的素材，虽然经过了一定程度的艺术加工，但仍然达不到服饰图案形象审美或工艺制作的要求，必须进行进一步提炼、加工，这就是通常所说的"写生变化"问题。通常的造型方法是将写生资料进行变形、变色，从而形成似与不似的"写意"形，或基于客观物象的写实装饰图形。对写生素材进行变形创作，通常必须运用一定的形式美法则和变形创作的技巧，以确保写生后的变化创作具有完美感。

3.2　学习目标

1. 知识目标
（1）掌握服饰图案的形式美法则。
（2）掌握服饰图案的变形技巧。
2. 能力目标
能够利用变形技巧进行写生图案变形。
3. 素养目标
培养观察与举一反三的能力。

3.3　重点难点

（1）重点：掌握服装各部位图案的运用特点，能够准确利用图案修饰身形。
（2）难点：服饰图案的空间形态分类。

3.4　相关知识链接

1. 服饰图案的形式美法则

形式美法则的运用和表现是所有的艺术创作和设计作品审美魅力的主要内涵，因此，在对收集的素材进行变形创作之前，首先需要学习和了解图案的形式美法则。图案的形式美法则主要包括变化与统一、对称与平衡、节奏与韵律等。

（1）变化与统一。变化与统一是一切事物存在的规律，它来源于自然，也是图案构成法则中最基本的原则。

变化即多样性、差异性；统一即同一性、一致性。图案的变化是追求各部分的区别和不同，图案的统一是追求各部分的联系和一致。变化是指图案不同的构成因素，即大小、方圆、长短、粗细、冷暖、明暗、动静、疏密等；统一是指这些因素之间的合理秩序和恰当关系。

变化与统一是相互矛盾、相互联系、相互依存的，两者缺一不可。变化要建立在统一之中，多样性要建立在整体之上。统一是变化的基础，变化则相对于统一而存在。只有统一而无变化，图案会显得单调、呆板、缺乏生气；变化过多而无统一，图案易杂乱无章，缺少和谐美（图4-10）。

（2）对称与平衡。对称与平衡是图案求得均衡稳定的两种构成形式。它们都体现了形象重心的稳定，但对称更表现出图案的静态，是均衡的绝对形式；而平衡更倾向于表现图案的动态。

①对称。图案的构成元素以轴心为支点，左右或上下的形象呈对应形式摆放。服饰图案常常运用对称形式，这是由人体的对称性决定的，所以，服装上的装饰图案在布局处理上常用对称手法。对称体现了静感与稳定性，具有端庄、安定的美（图4-11）。

图4-10　变化与统一　　　　　　　　　　　图4-11　对称

②平衡。在图案中，平衡是指装饰元素以异形等量，或者同形不等量，或者异形不等量的方式自由配置而取得在心理上、视觉上平稳均衡的构成形式，意在变化中求稳定、和谐。

平衡避免了对称可能带来的刻板和单调，但又保持了均衡的稳定状态。就服饰图案而言，平衡可以达到既活泼又稳定的效果。均衡则表现了动感和变化性，具有生动、活泼的美（图4-12）。

（3）节奏与韵律。节奏与韵律是一对有机的整体。节奏是韵律的基础，是其组成部分；而韵律是节奏更高层次的发展，是其感情的体现。

①节奏。在图案中，节奏是指某一形或色在空间中有规律地反复出现，引导人的视线有

序运动而产生的动感,是反复、连续的形态构造。要取得有韵味的节奏,可以在形状的大小繁简、色彩的调和对比、构图的虚实起伏上多加思索,力求在反复中体现差异(图4-13)。

②韵律。在图案中,韵律与节奏很相似,都是借助形、色、空间的变化来造就一种有规律、有动感的形式。但韵律更强调某种主调或情趣的体现,其图案元素的连接以舒展、起伏、渐变、对比的规律变化(图4-14)。

图4-12　平衡 　　　　图4-13　节奏 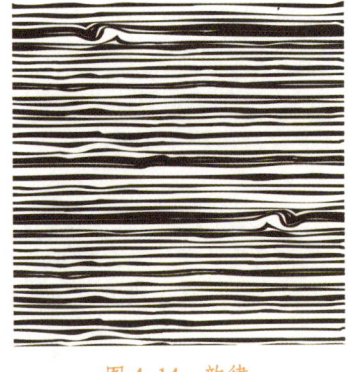　　　　图4-14　韵律

2. 服饰图案的变形技巧

当收集了图案素材并整理以后,往往需要对其加以变形为设计所用。变化造型是图案创作的一个非常重要的手段,在形式美法则的前提下,对原有的色彩、形象、结构等进行变化再造,具体方法有以下六种。

(1)简化。简化是对变形对象高度概括和提炼,从而把变化对象刻画得更典型、更集中、更精美。简化可以在外形轮廓上删繁就简,强调对象的最主要特征;可以在光影、层次上尽量压缩,使其趋于平面化;也可以以无代有,以少胜多,以意传情。

(2)夸张。夸张是用加强的手法突出对象的特征,对原有形态作较大幅度的改变,使形象更具有艺术感染力。夸张既可以局部夸张,也可以整体夸张;既可以侧重形,也可以侧重神。但无论怎样夸张,都应该以对象的基本特征为前提,并注意"度"的把握(图4-15)。

图4-15　夸张变化

043

（3）组合。组合是指将两个或两个以上的视觉形象放置在一起，通过它们在形态上的相加作用，从而构成一个新的视觉形象。组合的手法很多，常见的有添加、巧合、求全等。

（4）装饰。装饰可以结合其他的变形技巧，用点、线、面对形态进行装饰变形。运用时，应特别注意点、线、面的疏密、大小、曲直、缓急等，并要达到一种有机的统一、整体的协调（图4-16）。

（5）抽象。在把握形与神的基础上，将变形对象抽象成圆、角、方等几何形态。一般来说，抽象出的几何图案具有简洁、明朗、严谨、规律、视觉冲击力强的特点，在服装中常常运用（图4-17）。

图4-16 装饰变化　　图4-17 抽象变化

（6）联想。将此物联想成有相似成分的彼物。将生活中看到的对象物化为一个有意味的、个性的艺术形象，真正体验从客观转向主观，同样也是在充分把握变形对象特征的基础上，将原有形态联想成自己内心独白的一种真实语言，富有极强的跳跃感和艺术情趣（图4-18）。

图4-18 联想变化

3.5 任务开展

1. 任务分组

请同学们根据异质分组原则分组协作完成工作任务，并在表 4-9 中写出小组内每位成员的专业特长与专业成长点。

表 4-9

组名	成员名称	专业特长	专业成长点	任务分工

2. 自主探究

问题 1：图案可以进行有规律的变化吗？

问题 2：你是否了解过图案的形式美法则？

问题 3：通过整理与取舍后，你的写生作品有哪些适合利用形式美法则进行图案变形设计？

3. 任务实施（表4-10）

表4-10

任务内容	任务要求	任务安排	任务记录
在整理与取舍的作品中选择两张进行形式美的变化	1. 变化与统一； 2. 对称与平衡； 3. 节奏与韵律； 各完成两张，共计六张	具体任务1：选择整理与取舍中获得优秀作品； 具体任务2：对作品进行变化与统一、对称与平衡、节奏与韵律	用A4纸绘制两张对称与平衡变形作品； 用A4纸绘制两张节奏与韵律变形作品

4. 任务评价（表4-11）

表4-11

一级指标	二级指标	评价内容	分值	自评	互评	师评
工作能力（30分）	思维能力	能够从不同的角度提出问题，并考虑解决问题的方法	5			
	自学能力	能够通过自己已有的知识经验来独立地获取新知识	5			
		能够通过自己的感知、分析等来正确地理解新知识	5			
	实践操作能力	能够根据自己获取的知识完成工作任务	5			
	创新能力	能够跳出固有的课内课外知识，提出自己的见解，培养自己的创新性	10			
学习策略（20分）	学习方法	能够根据本任务的实际情况对自己的学习方法进行调整	5			
	自我调控	能够根据本任务正确地使用学习方法	5			
		能够正确地整合各种学习方法，以便更好地运用	5			
		能够有效利用学习资源	5			
作品得分（50分）	职业岗位能力	服饰图案形式美法则的应用能力	20			
		服饰图案变形设计的绘制能力	20			
		"1+X"证书（服装搭配师）中对应的专业能力	10			

5. 任务总结（表 4-12）

表 4-12

服饰图案形式美法则的掌握	优点	
	缺点	
服饰图案形式美法则运用的合理性	优点	
	缺点	
服饰图案形式美法则运用的美观性及实用性	优点	
	缺点	
改进措施		

项目 5　服饰局部图案纹样变形与创作

任务 1　服饰领部图案变形与创作（对称与平衡）

1.1　任务描述

在服饰图案设计中，灵感多源于自然景物，在本次的领部图案设计中，客户要求利用花卉图案进行变形设计，利用黑白灰无彩色搭配完成领部图案草图设计。学生可以外出取景或在校园中进行花卉写生，收集资料。资料收集完成后，分组虚拟任务，分角色进行沟通，明确工作任务书要求，与委托客户进行沟通，对领部的造型、色彩、图案形式进行方案制订，利用花卉写生变形技巧进行领部图案设计。

1.2　学习目标

1. 知识目标
（1）掌握领子的种类。
（2）理解领型的款式特点。
（3）掌握领型的设计技巧。
（4）掌握领部图案的设计原则。
2. 能力目标
（1）能够完成客户要求的领型设计。
（2）能够完成领部图案设计。
3. 素养目标
（1）培养从客户需求出发的设计思维。
（2）培养对领部图案的创新意识。
（3）培养善沟通、能协作、高标准、重创意的专业素质。
（4）培养审美能力和设计意识。

PPT：服装局部设计基础

1.3　重点难点

（1）重点：图案与领型的廓形、细节设计的关系。
（2）难点：图案对称变形的合理性和美观性，图案与领部廓形的协调性。

1.4　相关知识链接

1. 图案与领型的关系

领部的图案因其位置的特殊性，多为适合纹样和角隅式纹样，其特点为纹样细腻，符合领部轮廓。完全对称，或有相同的设计理念（图 5-1、图 5-2）。

图 5-1　领部图案 1　　　　　　　　图 5-2　领部图案 2

2. 图案在不同领型中的效果

（1）立领。立领可分为紧贴颈部的立领，如旗袍领；颈部稍有差距的立领，如一些装饰领。立领具有严谨、挺拔、庄重的特点，适合中式服装。传统的学生服装也是立领结构（图 5-3、图 5-4）。

PPT：服装局部设计——领部款式

图 5-3　立领造型 1　　　　　　　　图 5-4　立领造型 2

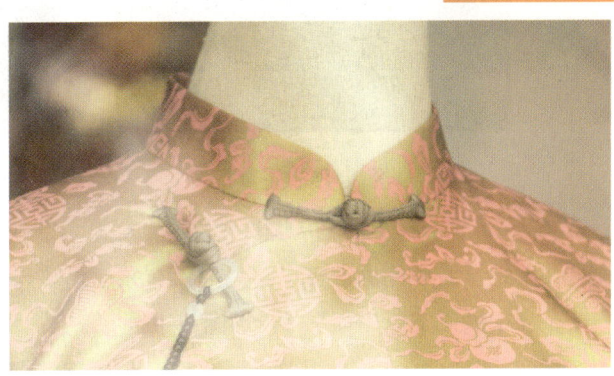

立领上的图案应用如图 5-5 所示。

图 5-5　立领图案应用

049

（2）翻驳领。翻驳领广泛应用于西装领上，结构较复杂，一般呈 V 形开口，可以弥补颈短、脸圆的不足，表现修长、端庄、沉稳的造型特点。西装的翻驳领有着非常细微的风格变化，领型的设计既要考虑脸形的特征，也要考虑颈部长短、粗细的特征，并要充分运用视错原理，进行领型的选择与设计，如颈部粗短者适宜选用深而窄的领口，长脸形适宜选用圆形领。

翻驳领上的图案应用如图 5-6、图 5-7 所示。

图 5-6　翻驳领　　　　　　　　图 5-7　翻驳领图案

（3）企领。企领也称立领、竖领，扁领无领座可直接翻折过来，如 POLO 衫针织领，在女性服装中使用得较多，因为没有领座，显得更加温柔和女性化。

企领中的图案应用如图 5-8、图 5-9 所示。

图 5-8　企领图案 1　　　　　　图 5-9　企领图案 2

3. 领型的图案特征——对称性

天有日月，道分阴阳，左右上下，南北东西。在中华文化中有一种奇妙的美，名曰——对称。在服装中也是如此，无论是条纹、格纹，我们都会在造型上追求对称美，以展现服装的精致与韵味。在领型设计中，大部分领型图案都是对称图案，展现了对称的形式美。

对称是设计师在设计图案时会经常使用的一种设计方法，"对称构图"是将版面分割为两部分，通过设计元素的布局使画面整体呈现出对称的结构，具有很强的秩序感，给人安静、严谨和正式的感受，呈现出和谐稳定的气质。

（1）对称的特点。

①平衡稳定。对称创造了平衡，平衡创造了和谐稳定之美，人们通过追求画面中的视觉平衡感，从而获得心灵上的愉悦与满足。

②严谨秩序。对称式的构图能够营造出严谨的秩序感，给人以整齐严肃、有条不紊的视觉感受。

（2）常见对称形式。

①中心对称：将图形和文字信息放置在画面中的轴线上，采用居中对齐的排版形式，呈现出对称的状态；或以画面中轴线为中心，视觉元素分布在画面左右两边，元素形状和大小几乎一致，呈现出平衡、稳定的状态。

②上下对称：将版面一分为二，形成均等的上下两部分，呈现出对称、均衡的视觉效果。

③左右对称：将版面分割为左右1∶1两部分，通过设计元素的布局使画面整体呈现出平衡、稳定的特点。

④对角对称：信息分布在对角线两端，互相呼应，呈现出对角的对称平衡状态，既具有对称的秩序性和工整性，又能打破呆板，令版面生动活泼。

⑤混合对称：同一版面可以同时使用多种对称方式。

4. 领型的图案色彩

在该任务中，客户要求运用无彩色进行图案设计。在色彩运用中，黑白灰色彩搭配追求极致简单和纯粹。

在极致简单设计中，黑白灰一直发挥着重要作用。它们作为无彩色系的代表，不仅简洁沉静，而且现代感十足，是服饰设计中的永恒色调。它们拥有深沉的力量，低调内敛又总能轻易使周围的一切都相形见绌。以黑白灰作为配色主题的空间，往往比那些丰富多彩的色调，更具有艺术感染力。

在领型图案的设计中，黑白灰的运用要考虑图案的实现方法，根据印花、刺绣、串珠等不同手法进行图案的点、线、面细节设计。

1.5 任务开展

1. 任务分组

（1）根据服饰领部图案设计工作任务书分组（表5-1）。

表 5-1

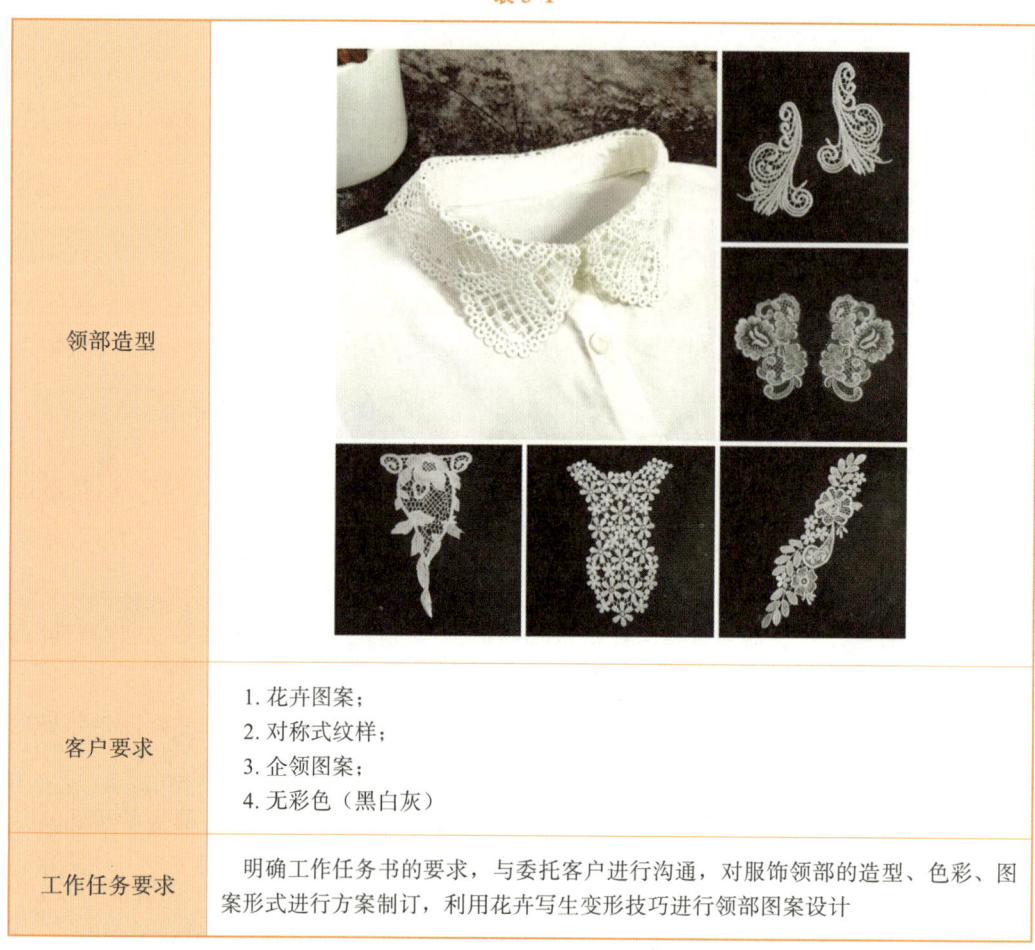

领部造型	
客户要求	1. 花卉图案； 2. 对称式纹样； 3. 企领图案； 4. 无彩色（黑白灰）
工作任务要求	明确工作任务书的要求，与委托客户进行沟通，对服饰领部的造型、色彩、图案形式进行方案制订，利用花卉写生变形技巧进行领部图案设计

（2）小组协作与分工。请同学们根据异质分组原则分组协作完成工作任务，并在表5-2中写出小组内每位成员的专业特长与专业成长点。

表 5-2

组名	成员名称	专业特长	专业成长点

2. 自主探究

问题1：看一看，查一查生活中有哪些常用的领型，哪些领型上图案比较多？

问题2：领部图案的特点有哪些？

问题3：对称与不对称的设计哪一款更符合你的审美？

问题4：适合企领形态的花卉造型有哪些？

问题5：讨论分析客户的要求。

问题6：女式翻领有哪些特点？

问题7：黑白灰图案设计要点有哪些？

问题8：根据所学企领的特点，你会设计一款什么样的企领？

问题9：什么样的企领更适合用对称图案作装饰？

问题10：企领的图案有哪些特点？

问题11：变形创作后的图案如何符合企领的特点？

3. 任务实施（表5-3）

表5-3

任务步骤	任务要求	任务安排	任务记录
步骤1：工作任务确立	在实际工作中，设计师除要掌握扎实的设计能力外，还必须具有良好的沟通能力。以小组为单位分配角色（设计师、客户），通过角色（设计师、客户）扮演，练习人与人之间的沟通能力	具体任务1：角色选择	完善服装领部图案设计工作任务书
		具体任务2：角色扮演	完成任务分组表
步骤2：设计方案制订	文案撰写规范： 1. 200字以上； 2. 绘制款式与实现手法的概念草图，对设计文案进行辅助说明； 3. 从结构功能、穿着舒适度、多材料分析等方面进行撰写	撰写领子款式及图案设计文案	完成领子设计文案撰写，电子版上传
步骤3：企领的款式图案绘制	看PPT，欣赏不同企领的款式图案应用	企领的款式图案绘制	根据图案特点，绘制一款企领款式图案
步骤4：企领的对称式图案变形与创作设计	看PPT，学习领子图案的特点，独立设计一款领型，并将变形创作得到的图案融入领部设计中	变形创作后图案运用到领部图案设计中	绘制一款完整的图案装饰为主的企领

4. 任务评价（表5-4）

表5-4

一级指标	二级指标	评价内容	分值	自评	互评	师评
工作能力（50分）	小组协作能力	能够为小组提供信息，质疑、归类和检验，提出方法，阐明观点	10			
	实践操作能力	领子设计方案制订能力	10			
		领子设计方案展示能力	10			
	表达能力	能够正确地组织和传达工作任务	10			
	创新设计能力	能够设计出独具创意的领子图案	10			
作品得分（50分）	职业岗位能力	创新性、实用性	10			
		解决客户的实际需求问题	10			
		客户满意度	20			
		"1+X"证书（服装搭配师）中对应的专业能力	10			

5. 任务总结（表5-5）

表5-5

与客户沟通能力	优点	
	缺点	
领部设计方案制订能力	优点	
	缺点	
领部图案变形与创作能力	优点	
	缺点	
领部设计方案展示能力	优点	
	缺点	
改进措施		

任务2　服饰口袋图案变形与创作（变化与统一）

2.1　任务描述

在本次的服饰口袋图案设计中，客户要求利用花卉图案进行变形设计，完成口袋图案设计。学生可以外出取景或在校园中进行花卉写生，收集资料。

2.2　学习目标

1. 知识目标

（1）掌握口袋的种类。

（2）理解口袋的款式特点。

（3）掌握口袋的设计技巧。

（4）掌握口袋图案的设计原则。

2. 能力目标

能够完成客户要求的口袋图案设计。

3. 素养目标

（1）培养从客户需求出发的设计思维。

（2）培养对口袋图案的创新意识。

（3）培养善沟通、能协作、高标准、重创意的专业素质。

2.3 重点难点

（1）重点：分析口袋图案的运用要点，针对性地进行写生花卉变形。
（2）难点：花卉的选择与取舍方法。

2.4 相关知识链接

1. 图案与口袋的关系

口袋图案多以点、线、面装饰为主，以花卉装饰的口袋图案要求与服饰风格相呼应，能够体现服饰的整体风格（图 5-10 ~ 图 5-12）。

图 5-10　口袋图案　　　　　图 5-11　口袋装饰　　　　　图 5-12　口袋装饰线条

2. 图案在不同口袋中的效果

（1）贴袋。贴袋是将布料直接剪成各式袋形贴缝在衣片外表的一种口袋，故又称明袋，如图 5-13 所示。它的制作简单，但要求平服位正，多有明线装饰。式样变化随意，较多地用于童装和休闲装。

贴袋的特点是不破开面料，可任意缝贴在所需的部位，袋形可作多种变化，袋面可做多种装饰。贴袋的图案符合其外廓形或以集中纹样为主。贴袋图案的手法可以是印花、刺绣等。贴袋兼具功能性和装饰性。

（2）风琴袋。风琴袋就是将普通贴袋的两侧边缘往袋体内面折入形成的，将原本开口呈椭圆形的袋子折成开口呈矩形，因为折叠过后，袋子两侧的边犹如风口叶子，但又是封闭的，所以就将这种袋子命名为风琴袋。风琴袋的图案多以简洁的点、线、面为主，符合工装干练的风格（图 5-14）。

（3）插袋与挖袋。插袋是一种较为朴素而隐蔽的袋型，多从拼缝中留出袋口，如裤子的侧插袋等。插袋的图案以边缘装饰纹样、定点纹样为主，为口袋起到了很好的装饰作用，如图 5-15 所示。挖袋是在衣片表面剪挖袋口而制成，有暗袋之称。其工艺要求较高，品种多样，较广泛地应用在男女服装上。

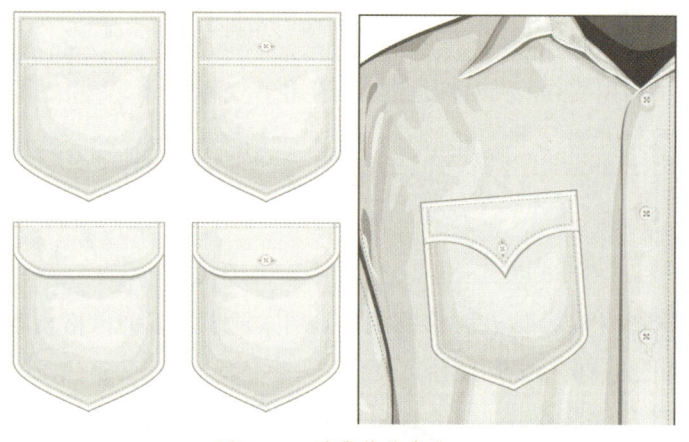

图 5-13　贴袋装饰变化 　　　　　　　　　图 5-14　风琴袋

袋型设计时要充分考虑到与整体之间的比例、大小、颜色、位置、风格等因素是否协调统一。

图 5-15　插袋装饰变化

3. 口袋的图案特征——变化与统一

在口袋图案设计中，往往是保留口袋对称的基础效果，利用设计细节产生亮点。在形式美法则中多采用变化与统一的设计法则。变化与统一规律是唯物辩证法最基本的规律，也是美学原理的最基本法则。服装设计是由点、线、面三维构成虚和实的空间、颜色、质感等元素有机地结合成为一个整体。

具体到服装口袋设计中，统一表现为口袋的色彩、造型、空间之间的内在联系、共同点或共有特性。变化是寻找各个部分之间的区别。没有统一，口袋造型将杂乱无章，缺乏和谐及秩序；没有变化作品会单调乏味，缺少生命力。

变化与统一在不同的应用场景下，侧重应有所不同。如图 5-15 所示，在左右对称的服装中，加入口袋的细节变化，使服装更加灵动，这就是大统一下的小变化。

这样的变化不仅没有破坏服装的统一效果，还是通过小小的变化使服装变得更有亮点和看点。

4. 口袋的图案色彩
在该任务中，客户要求运用同类色进行图案设计。

2.5 任务开展

1. 任务分组
（1）根据服饰口袋图案变形与创作工作任务书分组（表5-6）。

表5-6

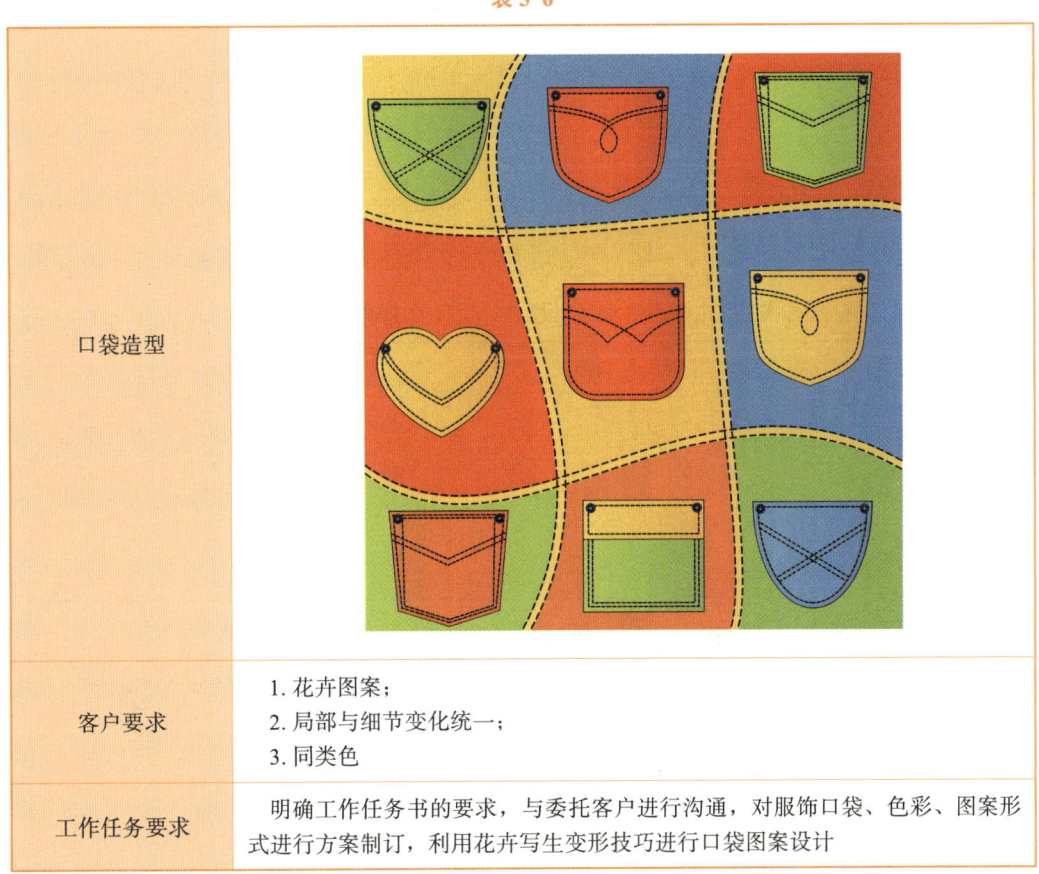

口袋造型	
客户要求	1. 花卉图案； 2. 局部与细节变化统一； 3. 同类色
工作任务要求	明确工作任务书的要求，与委托客户进行沟通，对服饰口袋、色彩、图案形式进行方案制订，利用花卉写生变形技巧进行口袋图案设计

（2）小组协作与分工。请同学们根据异质分组原则分组协作完成工作任务，并在表5-7中写出小组内每位成员的专业特长与专业成长点。

表5-7

组名	成员名称	专业特长	专业成长点

2. 自主探究

问题1：适合口袋形态的花卉造型有哪些？

问题2：讨论分析客户的要求。

问题3：根据所学贴袋的特点，你会设计一款什么样的企领？

问题4：什么样的贴袋更适合用角隅式纹样做装饰？

问题5：贴袋的图案有哪些特点？

问题 6：变形创作后的图案如何符合贴袋的特点？

问题 7：贴袋有哪些特点？

问题 8：邻近色图案设计要点有哪些？

问题 9：简述角隅式构图的概念。

3. 任务实施（表5-8）

表5-8

任务步骤	任务要求	任务安排	任务记录
步骤1：职业沟通练习	在实际工作中，设计师除要掌握扎实的设计能力外，还必须具有良好的沟通能力。以小组为单位分配角色（设计师、客户），通过角色（设计师、客户）扮演，练习人与人之间的沟通能力。通过小组讨论，拟订设计师需求	具体任务1：角色选择	完善服饰口袋图案设计工作任务书
		具体任务2：角色扮演	完成任务分组表
步骤2：设计方案制订	文案撰写规范： 1. 200字以上； 2. 绘制款式与实现手法的概念草图，对设计文案进行辅助说明； 3. 从结构、功能、穿着舒适度、多材料分析等方面进行撰写	撰写口袋款式及图案设计文案	完成口袋设计文案撰写，电子版上传
步骤3：口袋的款式图案绘制	看PPT，欣赏不同口袋的款式图案应用	口袋的款式图案绘制	根据图案特点，绘制一款口袋款式图案
步骤4：服饰口袋图案变形与创作（变化与统一）	看PPT，学习口袋图案的特点，独立设计一款口袋，并将变形创作得到的图案融入口袋设计中	变形创作后图案运用到口袋图案设计中	绘制一款完整的图案装饰为主的口袋

4. 任务评价（表5-9）

表5-9

一级指标	二级指标	评价内容	分值	自评	互评	师评
工作能力（50分）	小组协作能力	能够为小组提供信息，质疑、归类和检验，提出方法，阐明观点	10			
	实践操作能力	口袋设计方案制订能力	10			
		口袋设计方案展示能力	10			
	表达能力	能够正确地组织和传达工作任务	10			
	创新设计能力	能够设计出独具创意的口袋图案	10			

续表

一级指标	二级指标	评价内容	分值	自评	互评	师评
作品得分（50分）	职业岗位能力	创新性、实用性	10			
		解决客户的实际需求问题	10			
		客户满意度	20			
		"1+X"证书（服装搭配师）中对应的专业能力	10			

5. 任务总结（表5-10）

表5-10

与客户沟通能力	优点	
	缺点	
口袋图案设计方案制订能力	优点	
	缺点	
口袋图案变形与创作能力	优点	
	缺点	
口袋设计方案展示能力	优点	
	缺点	
改进措施		

任务3　服饰门襟图案变形与创作（节奏与韵律）

3.1　任务描述

在服饰门襟图案设计中，客户要求利用花卉图案进行变形设计，利用对比色搭配完成门襟图案设计。学生可以外出取景或在校园中进行花卉写生，收集资料。

3.2　学习目标

1. 知识目标

（1）掌握门襟的种类。

（2）理解门襟的款式特点。

（3）掌握门襟的设计技巧。

（4）掌握门襟图案的设计原则。

2. 能力目标

能够完成客户要求的门襟图案设计。

3. 素养目标

（1）培养从客户需求出发的设计思维。

（2）培养对门襟图案的创新意识。

（3）培养善沟通、能协作、高标准、重创意的专业素质。

（4）培养审美能力和设计意识。

3.3 重点难点

（1）重点：分析门襟图案的运用要点，针对性地进行写生花卉变形。

（2）难点：花卉的选择与取舍方法。

3.4 相关知识链接

1. 图案与门襟的关系

门襟的图案因其位置的特殊性，多为连续式纹样，其特点为纹样流畅舒缓，符合门襟造型。门襟能够协调服装整体的款式及造型，并能够起到装饰的作用（图5-16）。

图 5-16　门襟造型

2. 图案在不同门襟中的效果

（1）软门襟。软门襟也称法式门襟、平门襟，是经典的商务风格元素，如图5-17所示。软门襟的门襟处为整块面料，简单大气，可与温莎领、标准领、尖领这样的领型搭配。

由于软门襟多用于商务款式，故图案运用多为比较低调规律的图案。

（2）明门襟。明门襟也称翻门襟贴边，是指外翻的门襟贴边（图5-18）。明门襟在视觉上使衬衣保持左右对称，看上去干净利落，是最为常见的样式之一，无论是正装衬衣还是休闲衬衣，搭配这一细节都不会出错。

明门襟为门襟图案运用较多的形式，很多服装在明门襟图案运用上大胆、创新，富有创意。

（3）暗门襟。暗门襟是指衣面不露纽扣的门襟，纽扣"躲"在门襟的夹层里，含而不露，带有几分神秘感（图5-19）。这种服装在一定程度上给人以整洁端庄的印象。

图5-17　软门襟图案应用　　图5-18　明门襟图案应用　　图5-19　暗门襟图案应用

3. 门襟的图案特征——节奏与韵律

在门襟图案设计中，往往是根据门襟的形状和款式进行图案设计，由于门襟造型具有长条形的特点，在形式美法则中多采用节奏与韵律的设计法则。在门襟图案设计中多采用线条和色彩作为节奏与韵律的表现点。

（1）节奏。在门襟图案设计中，利用最基本的构成元素——线条，改变其形态、长短、粗细、方向等，产生不同的节奏，在服装制作中利用明线的工艺手法，在门襟上展现各种具有节奏的线条，使门襟呈现或柔或坚硬的视觉效果。

（2）韵律。在门襟图案设计中，节奏与韵律很相似，但节奏多用于线条设计，韵律多用于块面的图案设计及色彩表现，这种门襟的设计手法能够更加直观地展现服装门襟设计的元素，其冷暖、明暗、饱和度的变化都能够产生丰富的韵律。同时，门襟图案也能够通过渐变、重复等手法形成韵律。

门襟的结构要与领部或腰头的结构相适应，门襟总是与领部或腰头连接在一起，如果门襟的结构不能与领部或腰头相适应，会给服装的制作带来极大的麻烦，最终必然也会影响设计效果。在图案设计中也是如此,门襟的结构线条搭配完成之后,图案要符合结构线的外轮廓,才能更好地达到装饰效果。

4.门襟的图案色彩

在本任务中,客户要求运用对比色进行门襟图案设计。在色彩运用中,对比色的应用讲究面积对比、纯度对比、明度对比。由于门襟本身面积比较小,在对比色图案运用中,会有画龙点睛的效果。所以,对比色的运用在门襟色彩使用中是比较常见的色彩搭配效果。

3.5 任务开展

1.任务分组

(1)根据服饰门襟设计工作任务书分组(表5-11)。

表5-11

门襟造型	软门襟　　明门襟　　暗门襟
客户要求	1.花卉图案; 2.连续式纹样; 3.门襟图案
工作任务要求	明确工作任务书的要求,与委托客户进行沟通,对服饰门襟造型、色彩、图案形式进行方案制订,利用花卉写生变形技巧进行门襟图案设计

(2)小组协作与分工。请同学们根据异质分组原则分组协作完成工作任务,并在表5-12中写出小组内每位成员的专业特长与专业成长点。

表5-12

组名	成员名称	专业特长	专业成长点

2. 自主探究

问题 1：适合门襟的花卉造型有哪些？

问题 2：讨论分析客户的要求。

问题 3：明门襟领部有哪些特点？

问题 4：门襟部位图案的特点有哪些？

问题 5：单独式的门襟图案和连续式的门襟图案设计哪一款更符合你的审美？

问题 6：对比色图案设计要点有哪些？

问题 7：节奏与韵律图案设计要素指的是什么？

问题 8：根据所学门襟的特点，你会设计一款什么样的明门襟？

问题 9：什么样的明门襟更适合具有节奏与韵律感的图案作装饰？

3. 任务实施（表5-13）

表5-13

任务步骤	任务要求	任务安排	任务记录
步骤1：职业沟通练习	在实际工作中，设计师除要掌握扎实的设计能力外，还必须具有良好的沟通能力。以小组为单位分配角色（设计师、客户），通过角色（设计师、客户）扮演，练习人与人之间的沟通。通过小组讨论，拟订设计师需求	具体任务1：角色选择	完善服装门襟图案设计工作任务书
		具体任务2：角色扮演	完成任务分组表
步骤2：设计方案制订	文案撰写规范： 1. 200字以上； 2. 绘制款式与实现手法的概念草图，对设计文案进行辅助说明； 3. 从结构、功能、穿着舒适度、多材料分析等方面进行撰写	撰写门襟款式及图案设计文案	完成门襟设计文案撰写，电子版上传
步骤3：门襟的款式图案绘制	看PPT，欣赏不同门襟的款式图案应用	门襟的款式图案绘制	根据图案特点，绘制一款门襟款式图案
步骤4：服饰门襟图案变形与创作（节奏与韵律）	看PPT，学习门襟图案的特点，独立设计一款门襟，并将变形创作得到的图案融入口袋设计中	变形创作后图案运用到门襟图案设计中	绘制一款完整的图案装饰为主的门襟

4. 任务评价（表5-14）

表5-14

一级指标	二级指标	评价内容	分值	自评	互评	师评
工作能力（50分）	小组协作能力	能够为小组提供信息，质疑、归类和检验，提出方法，阐明观点	10			
	实践操作能力	门襟设计方案制订能力	10			
		门襟设计方案展示能力	10			
	表达能力	能够正确地组织和传达工作任务	10			
	创新设计能力	能够设计出独具创意的门襟图案	10			

续表

一级指标	二级指标	评价内容	分值	自评	互评	师评
作品得分（50分）	职业岗位能力	创新性、实用性	10			
		解决客户的实际需求问题	10			
		客户满意度	20			
		"1+X"证书（服装搭配师）中对应的专业能力	10			

5. 任务总结（表5-15）

表5-15

与客户沟通能力	优点	
	缺点	
门襟设计方案制订能力	优点	
	缺点	
门襟图案变形与创作能力	优点	
	缺点	
门襟设计方案展示能力	优点	
	缺点	
改进措施		

模块 3 服饰图案设计与应用

项目 6　服饰图案素材收集

任务 1　服饰图案纹样素材收集

1.1　任务描述

了解服饰图案的设计方法，掌握服饰图案的应用法则，能够运用服饰图案的设计方法进行写生。

1.2　学习目标

1. 知识目标
了解服饰图案的设计方法。
2. 能力目标
能够运用服饰图案的设计方法进行写生。
3. 素养目标
培养逻辑思维能力和勤于思考、分析问题的意识。

PPT：服饰图案纹样素材收集

1.3　重点难点

（1）重点：了解服饰图案的设计方法。
（2）难点：能够运用服饰图案的设计方法进行写生。

1.4　相关知识链接

创作服饰图案时，首先要学会根据设计的需要收集素材。在收集素材时，要注意对素材进行分类整理，同时，注重收集的素材因不同地域民俗而产生的不同内涵。

1. 分类

服饰图案的素材非常广泛，在日常生活中所接触到的无论是自然景物，还是人工形象、抽象事物，都可以作为素材收集的具体对象。正因为素材对象尤其广泛，所以为了收集的明确性和使用素材的方便性，我们要运用分类的方法，对收集的素材进行分类整理，或者直接进行特定类型的分阶段收集。总的来说，服饰图案的素材来源可分为自然素材资料、人工素材资料和纯形态素材资料三种类型。

（1）自然素材资料。自然素材资料包括花草、树木、飞禽、走兽等动植物，还包括山川、河流等。自然界中的植物花卉形态优美，可根据不同的装饰要求稍加处理即可应用。动物也是服饰图案设计中经常用到的素材资料，如女装、童装等，常用动物图案作为装饰。

（2）人工素材资料。人工素材资料又称间接资料，是指人造形态，如建筑、桥梁公路、车船飞机、家具器皿、字画作品等，尤其是中国字画作品，具有深刻的文化内涵和中国特色。人工素材资料是一种很重要的资料来源。

（3）纯形态素材资料。纯形态素材资料是指构成形象的基本形态与要素，包括点、线、面和规则与不规则的几何形体等，常用的有圆形、扇形（图6-1）、多边形、星形、偶然形、抽象形等。

图6-1　纯腰封素材形态

2. 注重地域民俗文化

民俗文化包括一个民族的衣、食、住、行、婚姻、家庭、宗教、语言、文字、艺术、文学等物质与精神方面的因素。这些文化因素不仅是一个民族所熟悉并长期维持的生活内容，更是一个民族创造与智慧的表现，也是一个民族的象征。注重不同素材在不同地域、不同民俗中内涵的变化，是收集服饰图案素材的重要观念，也是方法之一；这将为我们进行下一步的服饰图案设计带来极大的好处。从设计的角度看，由于地域、风情、民俗的不同，人们的喜好和欣赏习惯也不同。例如，中国人对龙凤的崇拜、埃及人对猫的崇拜、希腊人对海豚的崇拜等。在服饰图案设计中应该了解不同民族的不同习惯，特别是外贸出口服饰设计更要注意。

虽然图案的形象千姿百态、千变万化，但都源于生活、自然，因此，平时观察要深入仔细，有意识地收集大量素材，获取丰富的创作灵感，从而创作出漂亮的图案。收集图案素材的方法有很多，如摄影、网络、书籍、临摹、写生等。其中，写生是收集素材最主要和最原创的方法。

1.5　任务开展

1. 任务分组

请同学们根据异质分组原则分组协作完成工作任务，并在表6-1中写出小组内每位成员的专业特长与专业成长点。

表6-1

组名	成员名称	专业特长	专业成长点	任务分工

2. 自主探究

问题 1：收集的图案要用到哪些服装局部？

问题 2：收集的图案要按照哪些类别进行分类？

3. 任务实施（表 6-2）

表 6-2

任务步骤	任务要求	任务安排	任务记录
收集 10 个图案对象进行信息整合	收集对象以花卉为主，注意收集的类别，并根据后期任务的需要进行合理选择	具体活动 1：选择图案；具体活动 2：收集并扫描	选择图案并进行收集扫描

4. 任务评价（表 6-3）

表 6-3

一级指标	二级指标	评价内容	分值	自评	互评	师评
工作能力（30 分）	思维能力	能够从不同的角度提出问题，并考虑解决问题的方法	5			
	自学能力	能够通过自己已有的知识经验来独立地获取新知识	5			
		能够通过自己的感知、分析等来正确地理解新知识	5			
	实践操作能力	能够根据自己获取的知识完成工作任务	5			
	创新能力	能够跳出固有的课内课外知识，提出自己的见解，培养自己的创新性	10			
学习策略（20 分）	学习方法	能够根据本任务实际情况对自己的学习方法进行调整	5			
	自我调控	能够根据本任务正确地使用学习方法	5			
		能够正确地整合各种学习方法，以便更好地运用	5			
		能够有效利用学习资源	5			

续表

一级指标	二级指标	评价内容	分值	自评	互评	师评
作品得分（50分）	职业岗位能力	图案收集的准确性	20			
		图案收集的实用性	30			

5. 任务总结（表6-4）

表6-4

图案收集方法的掌握	优点	
	缺点	
图案收集分类方法的运用	优点	
	缺点	
图案收集的选取	优点	
	缺点	
改进措施		

任务2　服饰图案素材的整理与取舍

2.1　任务描述

服饰图案设计素材的整理与取舍的原则是实用、经济、美观，三者之间相辅相成，互为因果。只讲究美观，却无法穿用，是毫无价值的服饰；而服饰图案素材的整理与取舍只注重经济，却缺少美观，也会无人问津。因此，在服饰图案素材的整理与取舍时，应根据穿着对象、时间、场合、地点的不同区别对待。

2.2　学习目标

1. 知识目标
了解服饰图案素材的整理与取舍的分类方法。
2. 能力目标
能够按照主题进行整理与取舍。
3. 素养目标
提升审美和归纳整理的能力。

PPT：服饰图案素材的整理与取舍

2.3　重点难点

（1）重点：从构成形式对图案进行分类。
（2）难点：按照主题整理与取舍分类。

2.4 相关知识链接

设计师在充分感受自然美的基础上进行取舍,以某种主要特点,创造出某种风格的服装。图案与款式风格相协调,服饰图案的设计风格因款式而异。

日常服饰:图案装饰应灵活而随意,朴实而轻巧,图案题材可广泛使用。

社交服饰:图案设计应庄重而不失华贵,根据其特点进行装饰。

礼仪服饰:要求服装高贵、典雅,图案装饰也应华丽。

除在服装上装饰图案外,其他配件也应该与服饰风格相协调,随着款式风格的变化而设计配件的种类与造型。

1. 考虑使用对象的心理需求进行整理与取舍

由于体现在服饰上的图案最终是对人的装饰,而又有男女老幼、高矮胖瘦之分,不同年龄段的人对图案的题材、色彩等有不同的需求,因此,需要考虑使用对象的心理需求进行整理与取舍。

2. 展示工艺美

现代科技的发展,使人们建立了时代美的新观念。服饰图案将随着新材料、新技术、新功能的不断出现发挥其装饰作用。在服饰图案设计时,要考虑选用何种恰当的材料或工艺,才能够充分表现其设计意图。工艺的选择除前面介绍的扎染、蜡染、手绘、刺绣、印染外,还可以采用中国传统的工艺,如编结、盘带,采用现代流行时尚的工艺,如烫金等装饰工艺,利用新工艺,更好地展示新的工艺肌理效果(图6-2)。

图 6-2　工艺肌理效果

2.5 任务开展

1. 任务分组

请同学们根据异质分组原则分组协作完成工作任务,并在表6-5中写出小组内每位成员的专业特长与专业成长点。

表 6-5

组名	成员名称	专业特长	专业成长点	任务分工

2. 自主探究

问题：收集的图案有哪些需要整理？

3. 任务实施（表6-6）

表6-6

任务步骤	任务要求	任务安排	任务记录
在收集的图案中选取三件进行整理与取舍	选取三件需要整理与取舍的图案，进行整理与取舍	具体任务1：选择写生作品； 具体任务2：对写生作品进行整理	根据选择的写生作品进行整理

4. 任务评价（表6-7）

表6-7

一级指标	二级指标	评价内容	分值	自评	互评	师评
工作能力（30分）	思维能力	能够从不同的角度提出问题，并考虑解决问题的方法	5			
	自学能力	能够通过自己已有的知识经验来独立地获取新知识	5			
		能够通过自己的感知、分析等来正确地理解新知识	5			
	实践操作能力	能够根据自己获取的知识完成工作任务	5			
	创新能力	能够跳出固有的课内课外知识，提出自己的见解，培养自己的创新性	10			
学习策略（20分）	学习方法	能够根据本任务实际情况对自己的学习方法进行调整	5			
	自我调控	能够根据本任务正确地使用学习方法	5			
		能够正确地整合各种学习方法，以便更好地运用	5			
		能够有效利用学习资源	5			
作品得分（50分）	职业岗位能力	收集图案的整理能力	20			
		收集图案的取舍能力	30			

5. 任务总结（表 6-8）

表 6-8

整理与取舍	优点	
的方法掌握	缺点	
整理与取舍	优点	
的美观性	缺点	
整理与取舍	优点	
的实用性	缺点	
改进措施		

任务 3　图案纹样变形设计

3.1　任务描述

根据收集的写生作品，学习纹样变形设计方法，能够对图案纹样变形设计进行整理与取舍。

3.2　学习目标

1. 知识目标
了解图案纹样变形设计方法。
2. 能力目标
能够掌握图案纹样变形设计的整理与取舍。
3. 素养目标
提升审美和归纳整理的能力。

3.3　重点难点

（1）重点：从构成形式对图案纹样变形设计进行分类。
（2）难点：按照图案纹样变形设计主题进行整理与取舍。

3.4　相关知识链接

图案纹样变形设计也称为图案形象塑造，图案不仅要设计绘制出来，而且要通过工艺手段和具体材料制造出来。写生所收集的素材，虽然经过了艺术概括和取舍，但仍达不到图案形象的审美或工艺制作要求，必须将它进一步提炼、加工为装饰形象，以适应实用、经济、工艺制作的特点。下面介绍图案纹样变形设计常用的几种方法。

1. 写实手法

采用写实手法塑造的图案形象比较接近于写生的形象。它是将写生稿，结合写生之前观察所得的整体印象，进行高度而适当的艺术整理加工。

2. 夸张手法

夸张是图案造型中运用最为普遍、最主要的方法之一。所谓夸张，就是将客观物象最美的、最典型的、最主要的和本质的部分进行艺术加工，加以强调夸张，使之表现得更为强烈、集中、生动、鲜明与完美。

3. 组合手法

所谓组合，就是将几种相同或不同的形象，通过巧妙的、理想化的构思将它们组合在一起。这是一种具有创造性的方法，所描绘的形象一般是已经过夸张变形了的形象。

3.5 任务开展

1. 任务分组

请同学们根据异质分组原则分组协作完成工作任务，并在表6-9中写出小组内每位成员的专业特长与专业成长点。

表6-9

组名	成员名称	专业特长	专业成长点	任务分工

2. 自主探究

问题1：图案纹样可以进行有规律的变化吗？

问题2：图案纹样变形设计的手法有哪些？

3. 任务实施（表6-10）

表6-10

任务步骤	任务要求	任务安排	任务记录
在整理与取舍的作品中选择两张进行图案纹样变形设计	1. 写实； 2. 夸张； 3. 组合； 各完成两张，共计六张	选择整理与取舍中获得优秀作品	图案纹样变形设计

4. 任务评价（表6-11）

表6-11

一级指标	二级指标	评价内容	分值	自评	互评	师评
工作能力 （30分）	思维能力	能够从不同的角度提出问题，并考虑解决问题的方法	5			
	自学能力	能够通过自己已有的知识经验来独立地获取新知识	5			
		能够通过自己的感知、分析等来正确地理解新知识	5			
	实践操作能力	能够根据自己获取的知识完成工作任务	5			
	创新能力	能够跳出固有的课内课外知识，提出自己的见解，培养自己的创新性	10			
学习策略 （20分）	学习方法	能够根据本任务实际情况对自己的学习方法进行调整	5			
		能够根据本任务正确地使用学习方法	5			
	自我调控	能够正确地整合各种学习方法，以便更好地运用	5			
		能够有效利用学习资源	5			
作品得分 （50分）	职业岗位能力	图案纹样变形设计的应用能力	20			
		图案纹样变形设计的绘制能力	30			

5. 任务总结（表6-12）

表6-12

图案纹样变形设计的掌握	优点	
	缺点	
图案纹样变形设计运用的合理性	优点	
	缺点	
图案纹样变形设计的美观性及实用性	优点	
	缺点	
改进措施		

项目 7　服饰图案变形及创作

任务 1　正方巾适合式图案纹样创作设计

1.1　任务描述

了解服饰图案变形及创作的设计方法，能够运用服饰图案的设计方法进行正方巾适合式图案纹样创作设计。

1.2　学习目标

1. 知识目标

了解服饰图案变形及创作的设计方法。

2. 能力目标

能够运用服饰图案的设计方法进行正方巾适合式图案纹样创作设计。

3. 素养目标

培养逻辑思维能力和勤于思考、分析问题的意识。

1.3　重点难点

（1）重点：了解服饰图案变形及创作的设计方法。

（2）难点：能够运用服饰图案的设计方法进行写生应用。

1.4　相关知识链接

方巾对于消费者而言已不仅限于防寒保暖、遮盖面部等实用性功用，人们更注重的是方巾用于服装搭配的时尚装饰性，以及方巾背后所承载的情感、时尚、文化等附加值。

正方巾图案设计采用适合纹样，四边的图案为二方连续的带状图案。中间的图案，以独立式的单独纹样为主体设计，呼应四边的二方连续图案。色彩一般最多为 5~6 种，主色调有大红、翠绿、深蓝，色相明快的颜色居多，再点缀一些呼应的补色，从而形成一种主色调。设计手法有平涂勾线、撇丝、晕染、云纹等。方巾图案的设计还有几何的图案，几何图形的美早就被人们发现，将云纹几何图形有序地排列组合起来，用于方巾的镶边别有一番风味。装饰图案形式多以单独和连续等纹样构成，其图案特点为对比调和、平和对称、用线舒畅、色泽单纯、明快、和谐，例如，拉祜族方巾中常见的三角形的排列。因为拉祜族是崇拜狗的民族，所以在该民族的方巾图案上都有犬齿的形状，拉哈组娜的帽子上银泡的三角形排列及方巾上的三角连珠图形都表示真实性。可见面积和图形虽然简单，排列并不随意，都具有自己独特的民族语义。

1. 国内外方巾图案题材、构图和色彩发展现状

图案是一条方巾的灵魂，设计精良的图案能彰显出高尚的审美品位，并能激发消费者的购买欲望。现如今，国内外的方巾图案构图形式多样化、用色倾向性不同，图案风格也不一而足。在每年四大国际时装周的 T 台上，方巾凭借其百搭的装饰性和跨季质感一直作为关键单品出现，国内外的方巾奢侈品品牌发展势头强劲，市场竞争激烈。根据"中国十大品牌网"评选出的丝巾行业品牌排行榜可知，占据国内前两名的是万事利（Wensli）和宝石蝶（Baoshidi），以下是国内外方巾图案的题材、构图和色彩三个方面的发展现状。

（1）以爱马仕（Hermes）和玛丽亚·古琦（Marja Kurki）为代表的国外方巾品牌的图案主要以花鸟植物、动物、景色、几何线条、地域文化、历史、生活用品（富有趣味性）等为题材。而国内两大丝巾品牌在图案题材上与之有很高的重复度，需要补充的是以中国文学及中国风元素的图案题材。此外，方巾图案的题材也会受到品牌文化的影响，如 Hermes 最早以做马具起家，后来则一直把马的图案作为方巾设计的灵感，以提高产品的辨识度与知名度。

（2）至于方巾图案的构图，有轴对称均衡构图、四方均衡布局、分割组合式、散点式、角隅图案式、单角放射、条格式、独立图案、综合式一共九种方式，在国内外的方巾产品中均有出现，这个现状体现出了国内外文化与技艺的深度传播和交流。

（3）方巾图案的色彩与东西方的地域划分联系不大，主要随着品牌的特点呈现出不同的用色倾向。如同为国外的两个丝巾品牌，Hermes 方巾整体上配色较为鲜艳、大胆，而 Marja Kurki 方巾的用色显得淡雅柔和。

2. 方巾的风格分类与趋势

方巾的材质、图案、构图、色彩等因素都会影响整体的风格感受。根据"中国十大品牌网"在售产品的整理归类，可以总结出方巾图案的风格有优雅清新、狂放野性、欧式复古、简约几何、艺术美感、趣味搞怪等类型。

如今的方巾图案不同于以往讲究纯粹的美观和装饰作用，而主要着眼于表现其背后的艺术性和文化内涵。例如，取材于汤显祖之《牡丹亭》的 Baoshidi 方巾，其名为"游园惊梦"，图案中加入了大量的庭院植物作为基调，若隐若现的昆曲脸谱穿插其中，致敬经典，致敬国粹。而 Marja Kurki 的"顽皮叶子"，用拓印的艺术笔触设计的方巾，用叶子沾染料转印得到的图案保存了叶子本身的肌理，每次拓印都是独一无二的图案，自然的留白颇具艺术感。此外，还有许多独立方巾设计师品牌，如清华的王宝华教授，其同名方巾品牌一直致力于将东方元素融入方巾图案的设计中，对传承民族文化、促进方巾产业的文化发展有着强劲的推动力。此外，随着东西方文化、艺术及技术等层面的进一步融合与相互影响，双方会在方巾图案设计中碰撞出更多的"火花"。

1.5 任务开展

1. 任务分组

（1）根据正方巾适合式图案纹样创作设计工作任务书分组（表7-1）。

表 7-1

正方巾适合式图案纹样创作设计	
客户要求	1. 花卉图案； 2. 组合纹样； 3. 协调色配色
工作任务要求	明确工作任务书的要求，与委托客户进行沟通，对图案形式进行方案制订，利用正方巾适合式图案纹样创作设计技巧进行图案设计

（2）小组协作与分工。请同学们根据异质分组原则分组协作完成工作任务，并在表7-2中写出小组内每位成员的专业特长与专业成长点。

表 7-2

组名	成员名称	专业特长	专业成长点

2. 自主探究

问题1：正方巾适合式图案纹样创作设计要点有哪些？

问题2：正方巾适合式图案纹样创作设计要素指的是什么？

问题3：讨论分析客户的要求。

3. 任务实施（表7-3）

表7-3

任务步骤	任务要求	任务安排	任务记录
步骤1：职业沟通练习	在实际工作中，设计师除要掌握扎实的设计能力外，还必须具有良好的沟通能力。以小组为单位分配角色（设计师、客户），通过角色（设计师、客户）扮演，练习人与人之间的沟通	具体任务1：角色选择	选择自己的角色定位
		具体任务2：角色扮演	角色扮演的核心
		具体任务3：评价	自评与互评
步骤2：设计准备	看PPT，学习正方巾适合式图案纹样创作设计	具体任务1：市场调研	图案时长调研
		具体任务2：正方巾适合式图案纹样创作设计构思	正方巾适合式图案纹样创作
步骤3：设计方案制订	文案撰写规范： 1. 200字以上； 2. 绘制款式与实现手法的概念草图，对设计文案进行辅助说明； 3. 从结构、功能、穿着舒适度、多材料分析等方面进行撰写	撰写正方巾适合式图案纹样创作设计文案	撰写正方巾适合式图案纹样

4. 任务评价（表7-4）

表7-4

一级指标	二级指标	评价内容	分值	自评	互评	师评
工作能力（10分）	思维能力	能够从不同的角度提出问题，并考虑解决问题的方法	2			
	自学能力	能够通过自己已有的知识经验来独立地获取新知识	2			
		能够通过自己的感知、分析等来正确地理解新知识	2			
	实践操作能力	能够根据自己获取的知识完成工作任务	2			
		能够规范、严谨地撰写正方巾适合式图案纹样创作设计文案	2			
工作能力（20分）	创新能力	能够跳出固有的课内课外知识，提出自己的见解，培养自己的创新性	10			
	表达能力	能够正确地组织和传达正方巾适合式图案纹样创作设计文案的内容	5			
	合作能力	能够为小组提供信息，质疑、归类和检验，提出方法，阐明观点	5			
学习策略（20分）	学习方法	能够根据本任务实际情况对自己的学习方法进行调整	6			
		能够根据本任务正确地使用学习方法	4			
	自我调控	能够正确地整合各种学习方法，以便更好地运用	5			
		能够有效利用学习资源	5			
作品得分（50分）	职业岗位能力	正方巾适合式图案纹样创作设计文案写作的规范性	20			
		客户满意度	30			

5. 任务总结（表7-5）

表7-5

与客户沟通能力	优点	
	缺点	
正方巾设计方案制定能力	优点	
	缺点	
正方巾图案变形与创作能力	优点	
	缺点	
正方巾设计方案展示能力	优点	
	缺点	
改进措施		

任务2　长方巾二方连续式图案纹样创作设计

2.1　任务描述

在服饰图案设计中，灵感多源于自然景物。在本次的长方巾二方连续式图案纹样创作设计中，客户要求利用花卉图案进行变形设计，学生可以外出取景或在校园中进行花卉写生，收集资料。

2.2　学习目标

1. 知识目标
（1）理解长方巾二方连续式图案纹样创作设计的款式特点。
（2）掌握长方巾二方连续式图案纹样创作设计技巧。
（3）掌握长方巾二方连续式图案纹样创作设计的原则。
2. 能力目标
能够完成客户要求的长方巾二方连续式图案纹样创作设计。
3. 素养目标
（1）提升审美和归纳整理的能力。
（2）培养从客户需求出发的设计思维。
（3）培养善沟通、能协作、高标准、重创意的专业素质。
（4）培养审美能力和设计意识。

2.3　重点难点

（1）重点：从构成形式对长方巾二方连续式图案纹样创作设计进行分类。
（2）难点：按照长方巾二方连续式图案纹样进行创作设计。

2.4 相关知识链接

图案按组织形式划分，可分为单独图案、角隅图案、适合图案、边缘图案和连续图案。其中，二方连续和四方连续属于连续图案，也是具有民族艺术风格的传统图案。以一个或一组单位纹样向上下、左右循环往复、无限延长的连续纹样称为二方连续。一般二方连续纹样呈带状，上下连续称为"纵式"，左右连续称为"横式"，对角连续称为"斜式"。四方连续则是上下、左右四方无限反复、扩展的纹样。由于二方连续和四方连续只是不同方向上的连续，因此下文以二方连续为主，着重分析它的形成原因、发展演变和形式美法则。

二方连续的产生，使单个简单图案连续成带状的方法，随着年代的更替慢慢传播，并逐渐成熟起来。那么是什么促使中国的传统图案由单一走向连续，由分散走向密集，由平淡走向神奇呢？这就要回到二方连续最早的表现形式——彩陶图案去探寻了。

彩陶图案是新石器时期的先民们根据自己的生活经验和感受来表现对生活的赞美、追求和幻想，他们用简陋的工具创造出了优美的图案，充分显示了他们对美好生活的向往。彩陶图案一直沿用至今，具有很强的生命力。最初的彩陶图案并不是连续的，而是单个的几何形或者动植物旋纹，这些纹饰的组合富有弧线的美，装饰在器皿那膨胀的腹部上，既显得整体造型丰满，又给人一种婉转流畅的感觉。真正成熟的连续纹样的出现是在距今约6 000年的仰韶文化早中期的庙底沟型的彩陶纹样，晚期的马家窑型彩陶还出现了连续水纹和植物纹。从考古所掌握的资料来看，新石器时代遗址大地湾类型二至四期，相当于仰韶文化的早期、中期、晚期。大地湾二期常见的彩陶花纹多宽带、直边、三角、平行线和折线，基本上不用曲线和弧线，显得简朴平直，而宽带纹一般饰于直口钵的上口沿外部。

二方连续的骨骼结构主要有以下几种：

（1）散点式：以一个点为主要单体重复构成，具有密集效果，显得整齐、有序。

（2）直线式：有明确的方向性，可垂直，可水平，可向上或向下，也可以上下交替；倾斜排列，有并列、穿插等形式；以折线的形式排列，有直角、锐角和钝角的排列方式。整体效果干脆利落。

（3）波纹式：以波浪线为骨骼，其他纹样依附波浪线，分为单线波纹和双线波纹两种，可同向排列，也可反向排列。节奏起伏明显，动感较强。

（4）一整二破式：中心位置有一个完整形，上下或者左右各有一个半破形。以此组合为单元体排列。

（5）综合式：几种形式叠加在一起。

从二方连续的骨骼结构可以看出，二方连续的基本构成形式是线。无论是点、圆、长线、短线最终汇集而成的都是带状的群线。群线的组合可聚集可分散，可交叉可循环，这样才可以无限反复排列，形成带状图案。线的魅力在于无论直线、曲线都能给人的心理带来强烈的反应。直线的干脆利落、曲线的波澜起伏都给人们带来视觉上的享受。这正是中国传统图案中对线的最初运用。由于每个民族对线的排列重组在理解和表现手法上不同，才有了这些多变的元素组成形式统一但韵味不同的连续图案，因此二方连续才得以成为一种具有民族艺术风格的传统图案而流传至今。

2.5 任务开展

1. 任务分组

（1）根据长方巾二方连续式图案纹样创作设计工作任务书分组（表 7-6）。

表 7-6

长方巾二方连续式图案纹样创作设计	
客户要求	1. 花卉图案； 2. 局部与细节变化统一； 3. 对比色
工作任务要求	明确工作任务书的要求，与委托客户进行沟通，对图案形式进行方案制订，利用花卉写生变形技巧进行长方巾二方连续式图案纹样创作设计

（2）小组协作与分工。请同学们根据异质分组原则分组协作完成工作任务，并在表 7-7 中写出小组内每位成员的专业特长与专业成长点。

表 7-7

组名	成长名称	专业特长	专业成长点

2. 自主探究

问题 1：长方巾二方连续式图案纹样创作设计有哪些特点？

问题2：长方巾二方连续式图案纹样创作设计要点有哪些？

3. 任务实施（表7-8）

表7-8

任务步骤	任务要求	任务安排	任务记录
步骤1：面料中二方连续式图案纹样创作设计	看PPT，大量欣赏不同面料中二方连续式图案纹样创作设计应用	具体任务1：就服饰面料中二方连续纹样创作设计	二方连续纹样创作
步骤2：图案的变形与创作	看PPT，学习服饰面料中二方连续纹样创作设计，并将服饰面料中二方连续纹样创作设计得到的图案融入面料设计中	具体任务2：完成服饰面料中二方连续纹样创作设计变形	二方连续纹样创作设计变形

4. 任务评价（表7-9）

表7-9

一级指标	二级指标	评价内容	分值	自评	互评	教师	客户
工作能力（50分）	小组协作能力	能够为小组提供信息，质疑、归类和检验，提出方法，阐明观点	10				
	实践操作能力	长方巾设计方案制订能力	10				
		长方巾设计方案展示能力	10				
	表达能力	能够正确地组织和传达工作任务的内容	10				
	创新设计能力	能够设计出独具创意的长方巾图案	10				
作品得分（50分）	职业岗位能力	创新性、实用性	10				
		解决客户的实际需求问题	10				
		客户满意度	20				
		"1+X"证书。证书中对应的专业能力	10				

5. 任务总结（表7-10）

表7-10

与客户沟通能力	优点	
	缺点	
长方巾设计方案制订能力	优点	
	缺点	
长方巾图案变形与创作能力	优点	
	缺点	
长方巾设计方案展示能力	优点	
	缺点	
改进措施		

任务3　面料中四方连续式图案纹样创作设计

3.1　任务描述

能够按照四方连续式图案纹样进行设计。

3.2　学习目标

1. 知识目标

（1）理解面料中四方连续式图案纹样创作设计的款式特点。

（2）掌握面料中四方连续式图案纹样创作设计技巧。

2. 能力目标

能够完成客户要求的面料中四方连续式图案纹样创作设计。

3. 素养目标

提升审美和归纳整理的能力。

3.3　重点难点

（1）重点：从四方连续式图案纹样创作设计进行分类。

（2）难点：按照四方连续式图案纹样进行创作设计。

3.4　相关知识链接

四方连续纹样是指一个单位纹样向上下左右四个方向反复连续循环排列所产生的纹

样。这种纹样节奏均匀，韵律统一，整体感强。设计时要注意单位纹样之间连接后不能出现太大的空隙，以免影响大面积连续延伸的装饰效果。四方连续纹样广泛应用在纺织面料、室内装饰材料、包装纸等上面。

一个单独纹样向两方连续（重复）出现就形成了二方连续；一个单独纹样向四周连续（重复）出现就形成了四方连续。

按基本骨式变化划分，四方连续纹样主要有以下三种组织形式。

1. 散点式四方连续纹样

散点式四方连续纹样是一种在单位空间内均衡地放置一个或多个主要纹样的四方连续纹样。这种形式的纹样一般主题比较突出，形象鲜明，纹样分布可以较均匀齐整、有规则，也可以自由、不规则。需要注意的是，单位空间内同形纹样的方向可作适当变化，以免过于单调呆板。

规则的散点排列有平排法和斜排法两种连接方法。

（1）平排法。单位纹样中的主纹样沿水平方向或垂直方向反复出现。设计时可以根据单位中所含散点数量等分单位各边，分格后依据"一行、一列、一散点"原则填入各散点即可。还可以用四切排列或对角线斜开刀的方法剪切单位纹样后，各部分互换位置并在连续位处添加补充纹样，重复两次后再复位，即可得到一个完整的平排式四方连续单位纹样。

（2）斜排法。单位纹样中的主纹样沿斜线方向反复出现，又称阶梯错接法或移位排列法，可以是纵向不移位而横向移位，也可以是横向不移位而纵向移位。由于倾斜角度不同，有1/2、1/3、2/5等错位斜接方式。具体制作时可以预先设计好错位骨架再填入单位纹样。

2. 连缀式四方连续纹样

连缀式四方连续纹样是一种单位纹样之间以可见或不可见的线条、块面连接在一起，产生连绵不断、穿插排列的连续效果的四方连续纹样。常见的有波线连缀和几何连缀等。

（1）波线连缀。以波浪状的曲线为基础构造的连续性骨架，使纹样显得流畅柔和、典雅圆润。

（2）几何连缀。以几何形（方形、圆形、梯形、菱形、三角形、多边形等）为基础构成的连续性骨架，若单独作装饰，显得简明有力、齐整端庄，再配以对比强烈的鲜明色彩，则更具现代感；若在骨架基础上添加一些适合纹样，会丰富装饰效果，细腻含蓄、耐人寻味。

3. 重叠式四方连续纹样

重叠式四方连续纹样是两种不同的纹样重叠应用在单位纹样中的一种形式。一般把这两种纹样分别称为"浮纹"和"地纹"。应用时要注意以表现浮纹为主，地纹尽量简洁，以免层次不明、杂乱无章。

（1）同形重叠。同形重叠又称影纹重叠，通常是散点与该散点的影子重叠排列。为了取得良好的影子变幻效果，浮纹与地纹的方向和大小可以不完全一致。

（2）不同形重叠。不同形重叠，通常是散点与连缀纹的重叠排列。散点作浮纹，形象鲜明生动；连缀纹作地纹，形象朦胧迷幻。

3.5 任务开展

1. 任务分组

(1) 根据面料中四方连续式图案纹样创作设计工作任务书分组（表7-11）。

表 7-11

面料中四方连续式图案纹样创作设计	
客户要求	1. 花卉图案； 2. 四方连续式图案纹样创作设计
工作任务要求	明确工作任务书的要求，与委托客户进行沟通，对图案形式进行方案制订，利用花卉写生变形技巧进行面料中四方连续式图案纹样创作设计

(2) 小组协作与分工。请同学们根据异质分组原则分组协作完成工作任务，并在表7-12中写出小组内每位成员的专业特长与专业成长点。

表 7-12

组名	成员名称	专业特长	专业成长点

2. 自主探究

问题1：面料中四方连续式图案纹样创作设计有哪些特点？

问题2：根据所学的知识，你会如何完成面料中四方连续式图案纹样创作设计？

问题3：什么样的四方连续式图案纹样创作设计更适合用于面料？

问题4：变形创作后的图案如何符合服饰面料中四方连续纹样创作设计的特点？

3. 任务实施（表7-13）

表7-13

任务步骤	任务要求	任务安排	任务记录
步骤1：面料中四方连续式图案纹样创作设计	看PPT，大量欣赏不同面料中四方连续式图案纹样创作设计应用	具体任务1：就服饰面料中四方连续纹样创作设计	四方连续纹样创作设计
步骤2：图案的变形与创作	看PPT，学习服饰面料中四方连续纹样创作设计，并将服饰面料中四方连续纹样创作设计得到的图案融入面料设计中	具体任务2：完成服饰面料中四方连续纹样创作设计变形	四方连续纹样创作设计变形

4. 任务评价（表7-14）

表7-14

一级指标	二级指标	评价内容	分值	自评	互评	师评
工作能力（50分）	小组协作能力	能够为小组提供信息，质疑、归类和检验，提出方法，阐明观点	10			
	实践操作能力	服饰面料中四方连续纹样创作设计方案制订能力	10			
		服饰面料中四方连续纹样创作设计方案展示能力	10			
	表达能力	能够正确地组织和传达工作任务	10			
	创新设计能力	能够设计出独具创意的图案	10			
作品得分（50分）	职业岗位能力	创新性、实用性	10			
		解决客户的实际需求问题	10			
		客户满意度	30			

5. 任务总结（表7-15）

表7-15

与客户沟通能力	优点	
	缺点	
服饰面料中四方连续纹样创作设计方案制定能力	优点	
	缺点	
服饰面料中四方连续纹样创作设计变形能力	优点	
	缺点	
服饰面料中四方连续纹样创作设计方案展示能力	优点	
	缺点	
改进措施		

模块 4 传统服饰图案设计

项目 8　中国传统服饰图案设计

任务 1　中国传统服饰图案素材收集

1.1　任务描述

了解中国传统服饰图案的收集方法，根据服饰图案的主题进行分类，为后期图案的设计与运用做好准备工作。

1.2　学习目标

1. 知识目标
（1）了解中国传统服饰图案的文化内涵。
（2）掌握中国传统服饰图案素材的收集方法。
2. 能力目标
能够描述图案的特性，提升对图案的收集分类能力。
3. 素养目标
培养创新设计能力和勤于思考、分析问题的意识。

微课：中国传统服饰图案收集途径

1.3　重点难点

（1）重点：对中国传统服饰图案的广泛收集能力。
（2）难点：结合中国传统服饰图案的文化内涵，在设计作品中进行创新应用。

1.4　相关知识链接

中国历代服饰上的传统纹样既记录了前人的生活风貌，又反映了前人高超的织绣技艺水平和生活审美情趣。它是璀璨中华文化的重要组成部分。传统服饰纹样反映了中国各族人民的生活方式、生活形态、民俗风情、心理特征、审美情趣、着装观念、价值取向等意识形态。中国传统服饰文化中的民俗寓意在服饰上则更是体现得淋漓尽致。

中国传统服饰纹样主要有龙蟒、凤凰、珍禽、瑞兽、花卉、虫鱼、人物、几何与寓意九大类。

1. 龙纹

中国各民族信仰崇拜着不同的图腾，在华夏民族形成之后，就将龙定为了本民族的图腾，龙成为民族的保护神，成为华夏民族的标志和象征（图8-1）。但是华夏民族所崇奉的龙不仅是图腾，更是由图腾演化的神，相信龙能护佑人们平安和人丁兴旺，相信龙具有主宰雨水的神职。

中华先民，自远古时期就来自不同的地区，带来不同的文化，呈现民族文化的多元性，在历史发展进程中，汉族又不断融合各少数民族，将优秀的外来文化变通融合为本民族文化的精髓传统纹样中，唯龙的纹样贯穿着中华历史，长期占据着统治地位。

亲和力反映了中华民族多元统一的独特文化结构，不仅形成了中华民族发展的格局，同时，赋予了它维护自身和谐与稳定，增加民族凝聚力的任务。龙本身不仅是多种动物的结合体，其造型的适应性也很强，与多种几何纹样可较好地融合。

例如，原始时期的龙与S纹、涡纹结合，秦汉时期的龙与云纹、气纹结合，战国时期龙凤虎纹刺绣，佛教的传入又涌现了"如意龙纹""方胜龙纹"等。这种亲和力恰好与中国传统思想所强调的"和"的观念相融合（图8-2）。

图8-1 棕色绸盘金绣龙袍
（来自北京服装学院民族服饰博物馆）

图8-2 棕色绸盘金绣龙袍龙纹
（来自北京服装学院民族服饰博物馆）

龙、凤都是人们心中的祥兽瑞鸟，哪里出现龙，哪里便有凤来仪，象征着天下太平、五谷丰登。龙纹表示风调雨顺、吉祥安泰和祝颂平安与长寿之意；凤纹象征着吉祥、勇敢、神力、希望及美好的爱情（图8-3）。

图8-3 浅蓝色斜纹暗花绸凤穿牡丹大襟女袄（来自北京服装学院民族服饰博物馆）

2. 狮子

狮子本是西域诸国的动物，汉代时传入中国，作为百兽之王，据说它振威时，虎豹慑服，因此被视为中国的瑞兽（图8-4），常以双狮与绣球合用，以表示吉祥。

3. 虎

虎是一种极具阳刚之气的动物，是人们心中的"百兽之王"，一直被当作权力和力量的象征，为人们所敬畏。后人们认为虎寓意吉祥，可以驱妖除魔（图8-5）。

图8-4 打籽绣狮子纹
（来自北京服装学院民族服饰博物馆）

图8-5 堆凌刺绣虎纹
（来自北京服装学院民族服饰博物馆）

4. 三阳开泰

因羊与阳谐音，羊，儒雅温和，温柔多情，自古便为与中国先民朝夕相处之伙伴，深受人们喜爱。三阳开泰表示大地回春、万象更新的意义，也是兴旺发达、诸事顺遂的称颂（图8-6）。

图8-6 粉缎盘带贴布绣山羊肚兜（来自北京服装学院民族服饰博物馆）

5. 喜上眉梢
喜为喜鹊，眉为梅花。梅有报春花之称，又有吉祥喜庆的含意。喜鹊在梅枝上高鸣，寓意"喜报早春""喜报春光"（图8-7）。

图8-7　喜鹊登梅纹样（来自北京服装学院民族服饰博物馆）

6. 福在眼前
蝙蝠的蝠与福同音，因此民间常用蝙蝠象征福运。铜钱有孔，俗称"钱眼"，蝠与钱的组合为"福在眼前"，寓意幸福美满、健康长寿、家庭幸福、吉祥（图8-8）。

7. 蝶恋花
蝴蝶被人们视为吉祥之物，蝴蝶本身喜欢和花卉为伴，又常寓意甜蜜的爱情和美满的婚姻。蝶恋花表达了人们追求美好生活的理想（图8-9）。

图8-8　"五福捧寿"纹心形暖耳
（来自北京服装学院民族服饰博物馆）

图8-9　蝴蝶图案花纹
（来自北京服装学院民族服饰博物馆）

8. 松鹤延年
松，除象征长寿外，还作为有志、有节的象征。

鹤，高美华贵，诗经中称鹤寿无量。同时，鹤有闲易之名，这更使仙鹤看起来有种不受拘束、安逸平静的感觉（图8-10）。

9. 岁寒三友

松、竹、梅被人们称为岁寒三友，乃寓意做人要有品德、志节。

竹，清高而有节，人们赋予它性格坚贞、虚心向上、风度潇洒的"君子"美誉。

梅以它的高洁、坚强、谦虚的品格，给人以立志奋发的激励（图8-11）。

图8-10　松鹤延年团纹
（来自北京服装学院民族服饰博物馆）

图8-11　黑直径纱绣竹纹女长衫
（来自北京服装学院民族服饰博物馆）

10. 玉堂富贵

玉堂富贵是指牡丹花、兰花、海棠花。牡丹乃富贵之花，比喻富贵。兰花给人以极高洁、清雅的优美形象。古今名人对它的评价极高，被喻为花中君子（图8-12）。海棠花寓意富贵，在《诗经》中，曾经提到过棠棣之花，就是用海棠来形容诸侯大夫家中女子的富贵雍容之姿态。

图8-12　打籽绣牡丹纹（来自北京服装学院民族服饰博物馆）

1.5 任务开展

1. 任务分组

请同学们根据异质分组原则分组协作完成工作任务,并在表 8-1 中写出小组内每位成员的专业特长与专业成长点。

表 8-1

组名	成员名称	专业特长	专业成长点	任务分工

2. 自主探究

问题 1:中国传统服饰图案有哪些主题类型?

问题 2:中国传统服饰图案中不同主题类型的纹样各自有何寓意?

问题 3:中国传统服饰中图案的排布形式有哪些?

3. 任务实施（表 8-2）

表 8-2

任务步骤	任务要求	任务安排
利用网络和图书资源，收集不同类型的传统服饰图案	可以选择自己喜欢的图案类型，图案主题尽可能丰富且具有代表性	具体任务 1：选择不同的传统服饰图案主题； 具体任务 2：分析不同的传统服饰图案的寓意； 具体任务 3：分析不同的传统服饰图案的排布形式
任务记录		
讨论收集的不同类型的传统服饰图案：		

4. 任务评价（表 8-3）

表 8-3

一级指标	二级指标	评价内容	分值	自评	互评	师评
工作能力（30 分）	思维能力	能够从不同的角度提出问题，并考虑解决问题的方法	5			
	自学能力	能够通过自己已有的知识经验来独立地获取新知识	5			
	自学能力	能够通过自己的感知、分析等来正确地理解新知识	5			
	实践操作能力	能够根据自己获取的知识完成工作任务	5			
	创新能力	能够跳出固有的课内课外知识，提出自己的见解，培养自己的创新性	10			
学习策略（20 分）	学习方法	能够根据本任务实际情况对自己的学习方法进行调整	5			
	自我调控	能够根据本任务正确地使用学习方法	5			
	自我调控	能够正确地整合各种学习方法，以便更好地运用	5			
		能够有效利用学习资源	5			
作品得分（50 分）	职业岗位能力	传统服饰图案收集的丰富性	20			
		是否理解传统服饰图案的寓意	30			

5.任务总结（表8-4）

表8-4

中国传统服饰图案的主题类型是否足够丰富	优点	
	缺点	
是否理解中国传统服饰图案中不同主题类型的纹样寓意	优点	
	缺点	
是否了解中国传统服饰中图案的排布形式	优点	
	缺点	
改进措施		

任务2　中国传统服饰图案的整理与取舍

2.1　任务描述

运用之前任务中学习的方法，对收集的中国传统服饰图案进行整理与取舍。

2.2　学习目标

1. 知识目标
（1）了解中国传统服饰图案的题材。
（2）掌握对中国传统服饰图案进行提取的方法。
2. 能力目标
能够运用绘画技巧对中国传统服饰图案进行临摹。
3. 素养目标
培养对传统图案的审美能力，提升创新设计能力。

2.3　重点难点

（1）重点：了解中国传统服饰图案的题材、构图、寓意。
（2）难点：对中国传统服饰图案进行整理与取舍。

2.4　相关知识链接

中国传统服饰图案题材广泛，构图形式多样、寓意丰富深刻，在对传统服饰图案的设计创新过程中，要进行一些适当的整理和取舍，留下具有代表性、最具表现力的部分，也需要学生充分理解传统服饰图案的文化内涵和艺术特点。

中国传统服饰图案应用最多的是植物纹样、动物纹样和几何形纹样（包括变体文字等），有写实、写意、变形等表现手法。图案的表现方式大致经历了抽象、规范和写实等阶段。商周前的图案较简练、概括，富有抽象的趣味。商周以后，装饰图案日趋工整，上下均衡，左右对称，布局严密，唐宋时反映尤为突出。明清时，服装纹样多写实手法，刻画细腻逼真。清代后期，这一特点反映更加强烈。

对传统服饰图案的设计不仅题材要新颖、艺术要灵活变化，还要结合织物的结构特点、织造工艺和织物用途等因素进行考量，同时要考虑到不同纹样的寓意与人们及当下大众心理上的需求，强调思想观念上的统一和谐。

2.5 任务开展

1. 任务分组

请同学们根据异质分组原则分组协作完成工作任务，并在表 8-5 中写出小组内每位成员的专业特长与专业成长点。

表 8-5

组名	成员名称	专业特长	专业成长点	任务分工

2. 自主探究

问题 1：在中国传统服饰图案中哪些图案具有现代服饰设计中的应用价值？

问题 2：在中国传统服饰图案中哪些部分可以保留？

问题 3：中国传统服饰图案中的寓意如何通过新的设计得到体现？

3. 任务实施（表 8-6）

表 8-6

任务步骤	任务要求	任务安排	任务记录
在收集的中国传统服饰图案中选取三组进行整理与取舍	选取三件自己最喜欢的中国传统服饰图案，进行整理与取舍	具体任务 1：选择中国传统服饰图案； 具体任务 2：对中国传统服饰图案进行整理； 具体任务 3：对中国传统服饰图案进行取舍	完成对中国传统服饰图案的临摹

4. 任务评价（表 8-7）

表 8-7

一级指标	二级指标	评价内容	分值	自评	互评	师评
工作能力（30分）	思维能力	能够从不同的角度提出问题，并考虑解决问题的方法	5			
	自学能力	能够通过自己已有的知识经验来独立地获取新知识	5			
		能够通过自己的感知、分析等来正确地理解新知识	5			
	实践操作能力	能够根据自己获取的知识完成工作任务	5			
	创新能力	能够跳出固有的课内课外知识，提出自己的见解，培养自己的创新性	10			
学习策略（20分）	学习方法	能够根据本任务实际情况对自己的学习方法进行调整	5			
		能够根据本任务正确地使用学习方法	5			
	自我调控	能够正确地整合各种学习方法，以便更好地运用	5			
		能够有效利用学习资源	5			
作品得分（50分）	职业岗位能力	传统服饰图案的整理能力	20			
		传统服饰图案的取舍能力	30			

5. 任务总结（表8-8）

表8-8

整理与取舍的方法掌握	优点	
	缺点	
整理与取舍的美观性	优点	
	缺点	
整理与取舍的实用性	优点	
	缺点	
改进措施		

任务3　中国传统服饰图案变形设计

3.1　任务描述

运用之前任务中学习的方法，对整理出的中国传统服饰图案进行变形设计。

3.2　学习目标

1. 知识目标
掌握对中国传统纹样进行提取、整理、归纳、推导等系统性方法。
2. 能力目标
能够运用图案整理的方法和要点，对传统纹样进行提取、整理、归纳、推导等。
3. 素养目标
有效拓展思维与认知，使学生对传统纹样熟稔于心，真正做到学以致用、用有所成。

3.3　重点难点

（1）重点：从构成形式对图案进行分类。
（2）难点：具备"举一反三""推陈出新"的能力。

3.4　相关知识链接

万字纹又称"卍"字纹，根据《辞海》解释："古代的一种符咒、护符或宗教标志，通常被认为是太阳或火的象征。"早在新石器时代就已出土装饰有万字纹的彩陶罐，有学者认为，当时的万字纹源自人们对大自然中的动植物的观察，是人类对大自然的敬畏之情的表达（图8-13）。

作为中国传统的吉祥纹样，万字纹被赋予了"吉祥""万福""万寿"等美好寓意，万字纹从明代起被广泛地使用在纺织品上。纺织品上常见的万字纹有独立纹样、二方连续纹样和四方连续纹样（图8-14）。

图 8-13　万字纹边饰
（来自北京服装学院民族服饰博物馆）

图 8-14　四方连续式万字纹矢量图

3.5　任务开展

1. 任务分组

请同学们根据异质分组原则分组协作完成工作任务，并在表 8-9 中写出小组内每位成员的专业特长与专业成长点。

表 8-9

组名	成员名称	专业特长	专业成长点	任务分工

2. 自主探究

问题 1：中国传统服饰图案可以进行有规律的变化吗？

问题 2：在遵从形式美法则下，中国传统服饰图案如何进行变化设计？

问题3：收集的中国传统服饰图案，通过整理与取舍后有哪些适合利用形式美法则进行图案变形设计？

3. 任务实施（表8-10）

表8-10

任务步骤	任务要求	任务安排	任务记录
在整理与取舍的中国传统服饰图案中选择两张进行图案的变形设计	1. 变化与统一； 2. 对称与平衡； 3. 节奏与韵律； 各完成两张，共计六张	具体任务1：在整理与取舍的图案中选择； 具体任务2：对图案进行变化与统一、对称与平衡、节奏与韵律的变化设计	完成图案变形设计

4. 任务评价（表8-11）

表8-11

一级指标	二级指标	评价内容	分值	自评	互评	师评
工作能力 （30分）	思维能力	能够从不同的角度提出问题，并考虑解决问题的方法	5			
	自学能力	能够通过自己已有的知识经验来独立地获取新知识	5			
		能够通过自己的感知、分析等来正确地理解新知识	5			
	实践操作能力	能够根据自己获取的知识完成工作任务	5			
	创新能力	能够跳出固有的课内课外知识，提出自己的见解，培养自己的创新性	10			
学习策略 （20分）	学习方法	能够根据本任务实际情况对自己的学习方法进行调整	5			
		能够根据本任务正确地使用学习方法	5			
	自我调控	能够正确地整合各种学习方法，以便更好地运用	5			
		能够有效利用学习资源	5			

续表

一级指标	二级指标	评价内容	分值	自评	互评	师评
作品得分（50分）	职业岗位能力	传统服饰图案形式美法则的应用能力	20			
		传统服饰图案变形设计的创新能力	30			

5. 任务总结（表8-12）

表8-12

图案的提取、整理、归纳、推导能力	优点	
	缺点	
图案的审美能力	优点	
	缺点	
图案的创新设计能力	优点	
	缺点	
改进措施		

任务4　中国传统服饰图案创作设计

4.1　任务描述

运用之前任务中学习的方法，结合具体服装案例，对中国传统服饰图案进行创作设计。

4.2　学习目标

1. 知识目标

（1）了解中国传统服饰图案的应用方法。

（2）理解中国传统服饰图案的文化寓意与美学特点。

2. 能力目标

能够掌握中国传统服饰图案的设计技巧与设计原则。

3. 素养目标

（1）提升对中国传统服饰图案的创新意识。

（2）培养善沟通、能协作、高标准、重创意的专业素质。

4.3 重点难点

（1）重点：对传统服饰图案的应用。
（2）难点：具备对传统服饰图案"举一反三""推陈出新"的能力。

4.4 相关知识链接

中国传统纹样是民间、民族艺术和民俗文化千百年来沉淀的结果，具有鲜明的民族特色，形成了各种具有文化内涵的图形和纹饰，像人物、植物、动物、图腾等纹样，如翱翔的凤鸟、奔驰的神兽等。在我国封建社会，龙的图案只能用在帝王的服饰上，朝中大臣的官服也会根据等级绣上不同鸟兽的图案。在现代服饰设计中，服装设计师从传统图案中汲取灵感，将传统服饰纹样与流行的色彩和时尚的面料相结合，使服装既具有文化底蕴又时尚感十足。设计师通常喜欢使用这些充满寓意的传统纹样来显露喜庆吉祥、祈福消灾、寄寓理想与希望，将这些元素融入晚礼服、日常生活服装中，并在工艺制作、装饰手段和造型处理上，注入现代时尚的血液，使其与现代大环境相融合。将传统图案应用到现代服装设计中，可以增加服装的韵味和文化内涵。但是，中国传统纹样和装饰对于现代快节奏的生活方式往往过于繁杂，所以，传统图案纹样在应用时必须加以简化。在服装设计过程中，需要传统图案的吉祥意境，将这些传统图案应用在服装的领口、袖口、底摆等位置，不但可以起到装饰作用，还可以增加服装的文化底蕴。

1. 龙纹在服饰设计中的运用

在现代服装元素设计中，中国风应用主要涉及两个领域，即视觉元素和精神元素。视觉元素本身是指视觉完全可见，具有形象化特征，且能够被感知的元素，其本身是经过时间历练后形成的符号化元素；精神元素主要是指服装元素中蕴藏文化内涵、精神韵味，本身是无形的，可以视作一种意境的展示。上述元素能够直接应用于现代服装元素设计，充分利用这些元素的表现形式，包括工艺表达、图案点缀、材质变化和色彩搭配等，将中国风元素充分表达出来。

对于服装设计师来说，要想将中国风元素融入服装设计，本身需要具备深厚的传统文化底蕴，同时具备将其转变为服装元素设计语言的能力。精神元素并非单纯对各种中国元素进行评价，而是需要通过深入的理解之后，通过合理的表达、创新，推动服装元素中各种中国风元素的有效融合。一件具备浓厚中国风元素的服装作品，其本身是具有独特性的，且可以使人反复回味、思考，这种设计并非单纯对外在元素进行利用，同时，还需要对中国风内在的文化、精神等各种元素进行深入的解读，才能够使服装作品实现中国风与现代设计之间的良好协调。例如，Gucci 春夏秀场服装（图8-15），整个系列设计融入了东方传统文化，体

图 8-15　Gucci 春夏秀场

现了中国传统吉祥图案元素，并将中国传统元素与西方剪裁相结合，使用中国传统手工艺和传统图案等元素重新组合。服饰上点缀的龙形图案，恰到好处地展现了中国风元素，通过龙展现尊荣、高贵，整体又呈现为典雅、和谐。

如图8-16所示为Armani Prive高级定制系列服装，以中国传统元素"竹"为灵感，并以此为题进行主题设计。

龙是中国古代传说中的动物，古人认为龙是最高的祥瑞，是至尊至贵的代表。龙纹在近几年的德赖斯·范诺顿（Dries Van Noten）秀场中非常活跃。Dries Van Noten的作品总是充满戏剧性，简单利落的军装设计和中国传统的龙纹图案混合在一起，最朴素的色彩与华丽的龙纹相碰撞。例如，Dires Van Noten秋冬季女装系列中，直接运用帝王的龙袍局部，利用细碎剪裁再拼接的形式，选择不规则的布块拼接在服装的视觉中心位置（图8-17）。

图8-16　Armani Prive高级定制系列服装

图8-17　Dries Van Noten秋冬女装系列

2. 云纹在服饰设计中的运用

Dries Van Noten秋冬系列中，既将云纹运用在现代服装细节设计上，又将云纹作为主打图案花色，采用块面分割、拼接、二方连续纹样及极简造型表现在服装的图案上，用轻盈的面料传达出利落的质感，创造出了浪漫的华丽衣裳，诠释了现代感装扮。虽然Dries Van Noten设计元素是来自东方，但线条的走向还是带着浓重的现代气息。东方文化的精髓却有着西方理念的廓形，展现出了不同的效果（图8-18）。

Dries Van Noten在面料的选择上，不仅局限在丝缎，锦缎、毛呢、针织、棉布都成了云纹图案的载体，不同的面料与云纹图案相碰撞，产生了不同的风格情境。颜色上，主要以适宜秋冬的暗色系，如深蓝、枣红、赭土及经典的黑白色系为主。一套套冷静、利落的外套拼搭上戏剧性的立体补绣长裙和夸张鲜艳的花朵项链，虽然有着简洁的设计，但丰富的图案层次还是赋予了时装华丽奇幻的效果。

3. 中国传统服饰图案元素运用方法

（1）图案和工艺手段相结合。Dries Van Noten 在设计中添加了极具辨识度的中国传统服饰图案设计元素，龙纹、云纹、团纹等都是他常用的设计元素。这些元素强化了服装整体风格，同时采取的一种具有很强特点的艺术和工艺手段的物化形式，如刺绣、数码印花等，从而使设计更具看点和记忆点（图8-19）。

（2）结构和重组图案的形式。Dries Van Noten 对中国传统服饰图案的设计，并不局限于将原本的图案原封不动的使用，而是通过对原本图案的解构和重组，与几何印花组成新的视觉效果，剪裁再拼接成为不可或缺的形式。Dries Van Noten 秋冬秀场更是将"龙袍"运用细碎剪裁再拼接的形式，将片段运用到局部，将贵族浮华剥离出来，带给人们全新的视觉体验（图8-20）。

图 8-18　Dries Van Noten 秋冬系列

图 8-19　Dries Van Noten 秋冬系列

图 8-20　Dries Van Noten 秋冬系列

4.5　任务开展

1. 任务分组

请同学们根据异质分组原则分组协作完成工作任务，并在表8-13中写出小组内每位成员的专业特长与专业成长点。

表 8-13

组名	成员名称	专业特长	专业成长点	任务分工

2. 自主探究

问题1：适合现代服饰产品设计的传统服饰图案有哪些？

问题2：中国传统服饰图案在设计中的应用有哪些特点？

问题3：根据所学的服饰图案设计知识，你会运用什么样的形式对传统服饰图案进行绘制？

3. 任务实施（表 8-14）

表 8-14

任务步骤	任务要求	任务安排	任务记录
传统服饰图案应用设计	学习传统服饰图案应用的特点，将前期创作得到的图案融入服饰设计中	具体任务1：讨论传统服饰图案设计形式；具体任务2：绘制服饰效果图	绘制服饰效果图

4. 任务评价（表8-15）

表8-15

一级指标	二级指标	评价内容	分值	自评	互评	师评
工作能力（30分）	思维能力	能够从不同的角度提出问题，并考虑解决问题的方法	5			
	自学能力	能够通过自己已有的知识经验来独立地获取新知识	5			
		能够通过自己的感知、分析等来正确地理解新知识	5			
	实践操作能力	能够根据自己获取的知识完成工作任务	5			
	创新能力	能够跳出固有的课内课外知识，提出自己的见解，培养自己的创新性	10			
学习策略（20分）	学习方法	能够根据本任务实际情况对自己的学习方法进行调整	5			
	自我调控	能够根据本任务正确地使用学习方法	5			
		能够正确地整合各种学习方法，以便更好地运用	5			
		能够有效利用学习资源	5			
作品得分（50分）	职业岗位能力	传统服饰图案设计效果和表现手法绘制能力	20			
		传统服饰图案应用设计的创新能力	30			

5. 任务总结（表8-16）

表8-16

传统服饰图案设计方案制定能力	优点	
	缺点	
传统服饰图案变形与创作能力	优点	
	缺点	
传统服饰图案方案展示能力	优点	
	缺点	
改进措施		

项目 9　欧洲传统服饰图案设计

任务 1　欧洲传统服饰图案素材收集

1.1　任务描述

通过对欧洲历史中的典型服饰图案进行收集，了解欧洲传统服饰图案的收集方法。理解欧洲传统服饰图案的审美特点，掌握欧洲传统服饰图案的造型特征。

1.2　学习目标

1. 知识目标
了解欧洲传统服饰图案的文化内涵。
2. 能力目标
能够掌握欧洲传统服饰图案的收集方法。
3. 素养目标
培养专心细致、精益求精的工匠精神，提升对服饰图案的鉴赏能力。

微课：欧洲传统服饰图案收集途径

1.3　重点难点

（1）重点：对欧洲传统服饰图案的广泛收集能力。
（2）难点：结合欧洲传统服饰图案的文化内涵，在设计作品中进行创新应用。

1.4　相关知识链接

欧洲服装上的图案随着历史的变迁而不断变化。古代欧洲多流行花草纹样，如意大利文艺复兴时期流行华丽的花卉图案，法国路易十五时期受洛可可装饰风格的影响，流行表现 S 形或旋涡形的藤草和轻淡柔和的庭院花草纹样。近代有影响的流行图案有野兽派的杜飞花样、利用几何错视原理设计的欧普图案等。

1. 文艺复兴时期服饰纹样

文艺复兴时期的服装基本摆脱了中世纪哥特式时期服装紧张、尖锐、生硬的造型，从而转向一种明朗、优雅的细长风格，并延续至 15 世纪中期。当时其商业贸易和纺织生产十分发达，也因如此，织锦和金丝绒面料逐渐流行于各国贵族阶层。意大利文艺复兴时期流行华丽繁复的都市图案，那时的工匠们偏爱花卉图案，但线条构图优雅流畅、浪漫柔美，在色彩的选择上也丰富多彩（图 9-1）。

图 9-1　文艺复兴时期服饰

2. 佩斯利花纹

佩斯利花纹（Paisley）跨越数千年时光存续至今，承载着文明的厚重和沧桑，却依旧散发着朝气和活力。佩斯利花纹兴盛于十八九世纪的印度和波斯，之后在印度克什米尔地区诞生出一种以佩斯利花纹作为图案的特色织物。后经东印度公司的贸易传输，带有佩斯利花纹的特色织物传到了欧洲，瞬间带有神秘东方色彩的图案俘获了欧洲上流社会的"芳心"，继而风靡整个欧洲。强大的社会需求促使欧洲各地开始仿制这种织物，并将佩斯利花纹与宫廷印花结合起来，出现了富有变化的佩斯利花纹样式。

在苏格兰的西部有一座叫作佩斯利的小镇，佩斯利花纹制成的羊绒披肩声名远播，因此，佩斯利花纹在世界上的流传范围也越来越广，逐渐被广泛认识。这也正是佩斯利花纹名字的由来（图9-2）。

目前，佩斯利花纹依然是家居服饰类产品设计中印花图案的关键设计元素。佩斯利花纹的印花造型纯粹，通过不同的图案方向、大小，以出人意料的方式结合在一起，配合强烈的色彩对比，营造迷幻效果，在怀旧色彩中流露出现代元素，更具有吸引力。

图9-2 佩斯利纹样

1.5 任务开展

1. 任务分组

请同学们根据异质分组原则分组协作完成工作任务，并在表9-1中写出小组内每位成员的专业特长与专业成长点。

表9-1

组名	成员名称	专业特长	专业成长点	任务分工

2. 自主探究

问题 1：欧洲传统服饰图案有哪些主题类型？

问题 2：欧洲传统服饰中图案的排布形式有哪些？

问题 3：欧洲传统服饰图案和中国传统服饰图案有哪些差异？

3. 任务实施（表9-2）

表 9-2

任务步骤	任务要求	任务安排
利用网络和图书资源，收集不同类型的欧洲传统服饰图案	可以选择自己喜欢的图案类型，图案主题尽可能丰富且具有代表性	具体任务1：选择不同的欧洲传统服饰图案主题； 具体任务2：分析不同的欧洲传统服饰图案的排布形式
任务记录		
讨论收集的不同类型的欧洲传统服饰图案：		

4. 任务评价（表9-3）

表9-3

一级指标	二级指标	评价内容	分值	自评	互评	师评
工作能力（30分）	思维能力	能够从不同的角度提出问题，并考虑解决问题的方法	5			
	自学能力	能够通过自己已有的知识经验来独立地获取新知识	5			
		能够通过自己的感知、分析等来正确地理解新知识	5			
	实践操作能力	能够根据自己获取的知识完成工作任务	5			
	创新能力	能够跳出固有的课内课外知识，提出自己的见解，培养自己的创新性	10			
学习策略（20分）	学习方法	能够根据本任务实际情况对自己的学习方法进行调整	5			
	自我调控	能够根据本任务正确地使用学习方法	5			
		能够正确地整合各种学习方法，以便更好地运用	5			
		能够有效利用学习资源	5			
作品得分（50分）	职业岗位能力	欧洲传统服饰图案收集的丰富性	20			
		是否总结出欧洲传统服饰图案的排布形式	30			

5. 任务总结（表9-4）

表9-4

欧洲传统服饰图案的主题类型是否足够丰富	优点	
	缺点	
是否理解欧洲传统服饰图案中不同主题类型的纹样寓意	优点	
	缺点	

续表

是否了解欧洲传统服饰中图案的排布形式	优点	
	缺点	
改进措施		

任务 2　欧洲传统服饰图案的整理与取舍

2.1　任务描述

运用之前任务中学习到的方法，对收集的欧洲传统服饰图案进行整理与取舍。

2.2　学习目标

1. 知识目标
（1）了解欧洲传统服饰图案的题材与构图形式。
（2）理解中西方服饰图案之间的差异。
（3）掌握对欧洲传统服饰图案进行提取的方法。
2. 能力目标
能够运用绘画技巧对欧洲传统服饰图案进行临摹。
3. 素养目标
培养对服饰图案的审美能力，提升创新设计能力。

2.3　重点难点

（1）重点：了解欧洲传统服饰图案的题材、构图。
（2）难点：对欧洲传统服饰图案进行整理与取舍。

2.4　相关知识链接

1. 巴洛克风格

巴洛克一词起源于葡萄牙语"Baroque"，原意是指一种变形的或表面有瑕疵的珍珠，却在17世纪的欧洲被赋予了另外的含义，代表了西方艺术史的一种艺术风格。与文艺复兴时期的艺术风格相比，巴洛克艺术更加富有感性色彩，注重情感的表现，豪华而夸张，气势恢宏，喜好繁复的装饰，追求强烈的律动感，富有激情和想象力。

巴洛克风格创造出了极其华丽的男装，男性服饰造型强调曲线，装饰华丽，富于动感，气势宏大。巴洛克女性服饰风格具有强烈的浪漫主义特征，宽肩、细腰、丰臀是其极具代表性的装束；泡泡袖、羊腿袖、紧身胸衣、圆形撑裙等服装局部造型都是巴洛克服饰风格的象征。

巴洛克时期是一个崇尚高度华丽的年代,那时服装上多采用高档的材料,如皮革、锦缎,并配以奢华的装饰,如丝绸带、大扣子、刺绣、珠宝等(图9-3)。

2. 巴洛克纹样

巴洛克风格的纹样强调激情,强调运动感和戏剧性,给人以华丽感,使人产生强烈的宗教共鸣。因此,图案语言的特征是广泛地采用大幅度的弧线、交叉线和其他曲线;而在家具、建筑物上,常见中央部分出现一椭圆形或圆形、方形及其他种截角的形状,这些形状的周围又配置富丽的花边等装饰。在构图上看似复杂多变,但都是以对称形式呈现(图9-4)。

图9-3 巴洛克服装款式　　图9-4 巴洛克纹样

2.5 任务开展

1. 任务分组

请同学们根据异质分组原则分组协作完成工作任务,并在表9-5中写出小组内每位成员的专业特长与专业成长点。

表9-5

组名	成员名称	专业特长	专业成长点	任务分工

2. 自主探究

问题1：欧洲传统服饰图案在现代服饰设计中有何应用价值？

问题2：欧洲传统服饰图案和中国传统服饰图案在今天的设计应用中有哪些差异？

问题3：欧洲传统服饰图案中的寓意如何通过新的设计得到体现？

3. 任务实施（表9-6）

表9-6

任务步骤	任务要求	任务安排	任务记录
在收集的欧洲传统巴洛克服饰图案中选取三组进行整理与取舍	选取三件自己最喜欢的欧洲传统巴洛克服饰图案，进行整理与取舍	具体任务1：选择欧洲传统巴洛克服饰图案； 具体任务2：对欧洲传统巴洛克服饰图案进行整理； 具体任务3：对欧洲传统巴洛克服饰图案进行取舍	完成对欧洲传统巴洛克服饰图案的临摹

4. 任务评价（表9-7）

表9-7

一级指标	二级指标	评价内容	分值	自评	互评	师评
工作能力（30分）	思维能力	能够从不同的角度提出问题，并考虑解决问题的方法	5			
	自学能力	能够通过自己已有的知识经验来独立地获取新知识	5			
		能够通过自己的感知、分析等来正确地理解新知识	5			
	实践操作能力	能够根据自己获取的知识完成工作任务	5			
	创新能力	能够跳出固有的课内课外知识，提出自己的见解，培养自己的创新性	10			
学习策略（20分）	学习方法	能够根据本任务实际情况对自己的学习方法进行调整	5			
	自我调控	能够根据本任务正确地使用学习方法	5			
		能够正确地整合各种学习方法，以便更好地运用	5			
		能够有效利用学习资源	5			
作品得分（50分）	职业岗位能力	欧洲传统巴洛克服饰图案的整理能力	20			
		欧洲传统巴洛克服饰图案的取舍能力	30			

5. 任务总结（表9-8）

表9-8

整理与取舍的方法掌握	优点	
	缺点	
整理与取舍的美观性	优点	
	缺点	
整理与取舍的实用性	优点	
	缺点	
改进措施		

任务 3 欧洲传统服饰图案变形设计

3.1 任务描述

运用之前任务中学习的方法，对整理出的欧洲传统服饰图案进行变形设计。

3.2 学习目标

1. 知识目标
掌握对欧洲传统纹样进行提取、整理、归纳、推导等系统性方法。
2. 能力目标
能够运用图案整理的方法和要点，对欧洲传统图案进行提取、整理、归纳、推导等。
3. 素养目标
有效拓展思维与认知，使学生对传统纹样熟稔于心，真正做到学以致用、用有所成。

3.3 重点难点

（1）重点：从构成形式、主题内涵对图案进行分类。
（2）难点：具备"举一反三""推陈出新"的能力。

3.4 相关知识链接

1. 典型巴洛克单独纹样

巴洛克风格具有浪漫激情和非理性的特点，因为是为宫廷与教皇服务的，图案上强调力度、变化和动感，打破均衡，突出夸张。平面巴洛克纹样较为粗犷、奔放、华丽、繁缛，以规则的波浪状曲线和反曲线形成的动感，洋溢着富足矜贵的气息图案（图9-5）。

图 9-5 巴洛克单独纹样

2. 巴洛克对称组合纹样

在巴洛克纹样的变化中，通过和其他弯曲巴洛克风格图案的组合，通过对称的组合手法可以形成富有韵律变化的组合纹样，在视觉上具有雄浑的巴洛克艺术之美（图9-6）。

图 9-6 巴洛克对称组合纹样

3. 巴洛克角隅纹样

巴洛克角隅纹样通常以立体装饰的形式出现在巴洛克风格建筑中的直角转角、画框的四个转角处，设计元素与前面介绍的纹样一致，但在组合形式上呈现出 90°夹角的对称效果，极大地丰富了边角处的装饰效果（图 9-7）。

4. 巴洛克连续纹样

以巴洛克风格的单独纹样作为图案设计的基础，在画面的横向、纵向不断地连续重复，形成极具气势的巴洛克连续纹样。这类连续纹样通常出现在纺织面料、室内壁纸等平面产品上（图 9-8）。

图 9-7　巴洛克角隅纹样　　　　　图 9-8　巴洛克连续纹样

3.5　任务开展

1. 任务分组

请同学们根据异质分组原则分组协作完成工作任务，并在表 9-9 中写出小组内每位成员的专业特长与专业成长点。

表 9-9

组名	成员名称	专业特长	专业成长点	任务分工

2. 自主探究

问题 1：欧洲传统服饰巴洛克图案可以进行有规律的变化吗？

问题 2：在遵从形式美法则下，欧洲传统服饰巴洛克图案如何进行变化设计？

问题 3：收集的欧洲传统服饰巴洛克图案，通过整理与取舍后有哪些适合利用形式美法则进行图案变形设计？

3. 任务实施（表 9-10）

表 9-10

任务步骤	任务要求	任务安排	任务记录
在整理与取舍的欧洲传统服饰巴洛克图案中选择两张进行图案的变形设计	1. 变化与统一； 2. 对称与平衡； 3. 节奏与韵律； 各完成两张，共计六张	具体任务 1：在整理与取舍的图案中选择； 具体任务 2：对图案进行变化与统一、对称与平衡、节奏与韵律的变化设计	完成图案变形设计

4. 任务评价（表 9-11）

表 9-11

一级指标	二级指标	评价内容	分值	自评	互评	师评
工作能力（30分）	思维能力	能够从不同的角度提出问题，并考虑解决问题的方法	5			
	自学能力	能够通过自己已有的知识经验来独立地获取新知识	5			
		能够通过自己的感知、分析等来正确地理解新知识	5			
	实践操作能力	能够根据自己获取的知识完成工作任务	5			
	创新能力	能够跳出固有的课内课外知识，提出自己的见解，培养自己的创新性	10			

续表

一级指标	二级指标	评价内容	分值	自评	互评	师评
学习策略（20分）	学习方法	能够根据本任务实际情况对自己的学习方法进行调整	5			
	自我调控	能够根据本任务正确地使用学习方法	5			
		能够正确地整合各种学习方法，以便更好地运用	5			
		能够有效利用学习资源	5			
作品得分（50分）	职业岗位能力	欧洲传统服饰图案形式美法则的应用能力	20			
		欧洲传统服饰图案变形设计的创新能力	30			

5.任务总结（表9-12）

表9-12

图案的提取、整理、归纳、推导能力	优点	
	缺点	
图案的审美能力	优点	
	缺点	
图案的创新设计能力	优点	
	缺点	
改进措施		

任务4　欧洲巴洛克时期礼服图案创作设计

4.1　任务描述

运用之前任务中学习的方法，结合具体服装案例，对欧洲巴洛克服饰图案进行创作设计。

4.2　学习目标

1.知识目标

（1）了解欧洲巴洛克服饰图案的应用方法。

（2）理解欧洲巴洛克服饰图案的美学特点。

（3）掌握巴洛克时期图案在礼服中的设计方法。

2. 能力目标

能够掌握欧洲巴洛克服饰图案的设计技巧与设计原则。

3. 素养目标

（1）提升对传统服饰图案的创新意识。

（2）培养善沟通、能协作、高标准、重创意的专业素质。

（3）培养团队合作、分析并解决问题的能力。

4.3 重点难点

（1）重点：对欧洲巴洛克服饰图案的应用。

（2）难点：具备对欧洲巴洛克服饰图案"举一反三""推陈出新"的能力。

4.4 相关知识链接

巴洛克风格服装是西方服装史上灿烂辉煌的经典篇章，巴洛克设计元素追求动态感、奢华、立体效果，具有宗教色彩和激情的艺术性。巴洛克服饰蕴含奢华的设计理念，逐渐成为服装设计师钟爱的灵感来源。许多中外著名服装设计师都以巴洛克为设计元素进行服装设计创作。

1. 现代服装如何运用巴洛克元素

巴洛克风格的显著特征之一就是十分注重装饰，图案在服装上的运用也充分发挥到极致。巴洛克纹样的元素以花朵、花环、果物、贝壳或莲、棕榈树叶、艮苕叶为题材。现代的巴洛克风格元素更多的是对典型巴洛克图案形体的运用（图9-9）。

华丽是巴洛克艺术照最具代表性的风格，所以，现代服装设计中的巴洛克风格也延续了对金

图 9-9 Alexander McQueen 秋冬

色的运用。巴洛克风格的图案最明显的一个特点就是图案的对称性。巴洛克风格的服饰以往的经典搭配是以黑金、红黑、红金这一类色调为主，体现了巴洛克风格的华丽和贵气。现在的巴洛克风格在服装上的运用有了新的突破和创新，不再是单调的几种颜色。

巴洛克艺术充满动态美，因此设计中充满了曲线的运用，在服装造型方面，巴洛克风格的礼服为了更加凸显女性婀娜多姿、纤腰翘臀的造型，多采用 X 型的廓形设计，以便体现女性身材的曲线美。束身胸衣和裙撑作为服装造型和构造设计，领子开口会以一字型领或开口较低的 V 形领为主，且尽可能地袒露丰满的胸部，露出的颈部线条更能表现女性的特殊魅力。腰部一般采用收腰的造型，打造沙漏型女性身材，而臀部用面料堆叠形成褶皱，打造蓬松丰腴的臀部造型。裙子底部褶皱层叠、厚重复杂，体现出巴洛克

风格的优美典雅，层次鲜明。同时，不同面料的厚重在服装中有明显的对比，具有强烈的视觉效果（图9-10）。

图9-10　Chanel couture fall

2. 巴洛克风格代表服饰品牌

巴尔曼是由法国时装设计师皮埃尔·巴尔曼（Pierre Balmain）1945年在法国创立的时装品牌。通过对建筑的观察辅之以流畅的线条和古典的色彩，加上经典巴洛克印花，将女性潇洒高贵的形象表现得淋漓尽致（图9-11）。

图9-11　巴尔曼

4.5 任务开展

1. 任务分组

请同学们根据异质分组原则分组协作完成工作任务,并在表 9-13 中写出小组内每位成员的专业特长与专业成长点。

表 9-13

组名	成员名称	专业特长	专业成长点	任务分工

2. 自主探究

问题 1:你会选择什么样的巴洛克服饰图案进行设计?

问题 2:根据所学的服饰图案设计知识,你会运用什么样的形式对巴洛克服饰图案进行绘制?

3. 任务实施(表 9-14)

表 9-14

任务步骤	任务要求	任务安排	任务记录
巴洛克时期礼服图案应用设计	学习巴洛克时期图案在服装设计中应用的特点,将前期创作得到的图案融入服饰设计中	具体任务 1:讨论巴洛克时期图案设计形式; 具体任务 2:绘制礼服效果图	绘制服饰效果图

4. 任务评价（表9-15）

表9-15

一级指标	二级指标	评价内容	分值	自评	互评	师评
工作能力（50分）	小组协作能力	能够为小组提供信息，质疑、归类和检验，提出方法，阐明观点	10			
	实践操作能力	巴洛克时期图案设计方案制定能力	10			
		巴洛克时期图案设计方案展示能力	10			
	表达能力	能够正确地组织和传达工作任务	10			
	创新设计能力	能够设计出独具创意的巴洛克服饰图案	10			
作品得分（50分）	职业岗位能力	创新性、实用性	10			
		根据具体服装款式进行巴洛克主题图案的设计	10			
		客户满意度	30			

5. 任务总结（表9-16）

表9-16

巴洛克时期礼服图案设计方案制订能力	优点	
	缺点	
巴洛克时期礼服图案变形与创作能力	优点	
	缺点	
巴洛克时期礼服图案方案展示能力	优点	
	缺点	
改进措施		

参考文献

[1] 雷圭元.雷圭元图案艺术论［M］.上海：上海文化出版社，2016.
[2] 曾真.服装设计中的平面构成［M］.南宁：广西美术出版社，2006.
[3] ［英］沙伦·贝内特.花卉装饰图案［M］.王毅，译.上海：上海人民美术出版社，2006.
[4] 王鸣.服装图案设计［M］.沈阳：辽宁科学技术出版社，2005.
[5] 鲍小龙，刘月蕊.图案设计艺术［M］.2版.上海：东华大学出版社，2010.
[6] 陈建辉.服饰图案设计与应用［M］.北京：中国纺织出版社，2006.
[7] 忻惠珍.服装图形装饰设计［M］.杭州：中国美术学院出版社，2003.
[8] 周永红，肖瑞欣，鲍殊易.服装图案［M］.武汉：湖北美术出版社，2006.
[9] 张晓黎.从设计到设计［M］.成都：四川美术出版社，2006.
[10] 周建.服饰图案艺术［M］.北京：中国轻工业出版社，2009.
[11] 钱欣，边菲.服装画技法［M］.上海：东华大学出版社，2005.
[12] 中国服装网 http://www.efu.com.cn.
[13] 陈彬，夏俐.服装色彩设计［M］.4版.上海：东华大学出版社，2022.